GRUNDLAGENWISSEN im GOVINDA-VERLAG

Armin Risi

EVOLUTION

Armin Risi

EVOLUTION

Stammt der Mensch von den Tieren ab?

Govinda-Verlag
Zürich

Kontaktadressen:

Schweiz:	Govinda-Verlag, Postfach, 8053 Zürich
Deutschland:	Govinda-Verlag, Postfach, 79798 Jestetten
Internet:	govinda.ch
	armin-risi.ch
	science-of-involution.org
	theistic-network.org

Erste Auflage – Juni 2014
Zweite Auflage – November 2014

Bildnachweis: S. 164
Lektorat: Frank Bender, Mantrarūpa Ćućuz, Silvia Siegenthaler, Ronald Zürrer
Layout: Mantrarūpa Ćućuz, Armin Risi
Umschlaggestaltung: Ronald Zürrer
Umschlagbild: © Kagenmi / Fotolia.com
Gesamtherstellung: FINIDR
Printed in Czech Republic

ISBN 978-3-905831-28-3

Inhalt

Einleitung

Die Evolutionstheorie – Paradigma und Dogma

Die Evolutionstheorie wird heute in allen Schulbüchern als einziges Erklärungsmodell für die Entstehung der Lebewesen angeführt: die ersten Mikroorganismen seien zufällig aus Materie entstanden; aus diesen seien die Einzeller hervorgegangen und aus den Einzellern allmählich alle Pflanzen und Tiere – mit dem Menschen als Abkömmling einer Linie von Primaten.

Im vorliegenden Grundlagenbuch wird dargestellt, dass dieses Erklärungsmodell keine wissenschaftlich zwingende Erkenntnis ist, sondern ein Erklärungsversuch auf der Grundlage eines bestimmten Weltbildes. Was als Evolutionstheorie bezeichnet wird, ist ein *Paradigma* (Denkmuster, Leitgedanke). Innerhalb dieses Paradigmas existieren viele Thesen über die Grundfragen der «Evolution», die sich zum Teil widerstreiten, doch das Paradigma selbst – der Glaube, dass eine Evolution stattgefunden hat – wird nie hinterfragt. Alles, was diesem Glauben widerspricht, wird ausgeschlossen, wenn nicht sogar bekämpft. Das Paradigma der Evolutionstheorie wird dadurch zu einem Dogma, und dies wiederum führt zu *Zirkelschlüssen* in der Argumentation. Das heißt, die Evolutionstheorie wird von vornherein als Tatsache akzeptiert, weshalb man alle biologischen Gegebenheiten mit «Evolution» erklärt und dann sagt, diese (angeblichen) Erklärungen seien Beweise für die Richtigkeit der Theorie.

Eine kritische Betrachtung zeigt jedoch, dass bis heute nicht geklärt ist, wie durch «Evolution» die Vielfalt von Mikroorganismen, Tieren und Pflanzen entstanden sein soll. Immer wieder werden neue Thesen aufgestellt, um die Grundfragen der Evolutionstheorie zu beantworten, was zeigt, dass diese

Fragen bis heute nicht schlüssig beantwortet sind. Dennoch wird «Evolution» als Tatsache bezeichnet, und jede Forschung erfolgt gemäß diesem Paradigma, womit wir wieder bei den erwähnten Zirkelschlüssen sind.* Um so wichtiger ist es, dass kritische Fragen zur Evolutionstheorie gestellt werden: Entstanden die ersten Lebewesen tatsächlich aus Materie? Ist es überhaupt möglich, dass Einzeller sich durch zufällige Mutationen in Pflanzen und Tiere verwandelten? Und in letzter Konsequenz: Stammt der Mensch von den Tieren ab?

«Evolution» – weder bewiesen noch offensichtlich

Der Darwinismus postuliert, die komplexen Lebensformen seien aus einfachen Lebensformen hervorgegangen. Dies ist unbewiesen und auch nicht beobachtbar, weil die Zeiträume für diese hypothetischen Vorgänge zu lang sind. Trotzdem wird suggeriert, es sei «bewiesen» und «offensichtlich», dass die komplexen Lebensformen aus den einfachen hervorgegangen seien.

Aber ist dies tatsächlich so offensichtlich? Seit es Einzeller gibt, vermehren sie sich durch Teilung, und es entstehen immer nur *Einzeller.* Gemäß der Evolutionstheorie sollen sich in der fernen Vergangenheit jedoch zufällige Wunder er-

---

* Um dies zu illustrieren, sei hier ein Beispiel vorweggenommen, das später nochmals erwähnt wird: das Fehlen von Übergangsformen. In den Erdschichten mit Fossilien erscheinen alle Pflanzen und Tiere immer in der «fertigen» Form ihrer Art und Gattung. In der einen Schicht erscheinen Fische, in anderen Schichten Insekten, Frösche, Schlangen, Vögel, Fledermäuse usw., immer ohne Vorstufen in den früheren Schichten. Dieser Fakt wird auch von darwinistischer Seite bestätigt. Die naheliegende Erklärung für das Fehlen von Übergangsformen wäre die, dass solche Übergangsformen nie existiert haben. Weil diese Möglichkeit aus der Sicht der Evolutionstheorie nicht in Frage kommt, lautet eine der aktuellen Thesen («Punktualismus»), dass die großen Evolutionssprünge immer schnell und nur innerhalb von kleinen Populationen stattgefunden haben, weshalb die Zeit zur Fossilienbildung zu kurz gewesen sei. Beweis für diese These: das Fehlen der Übergangsformen!

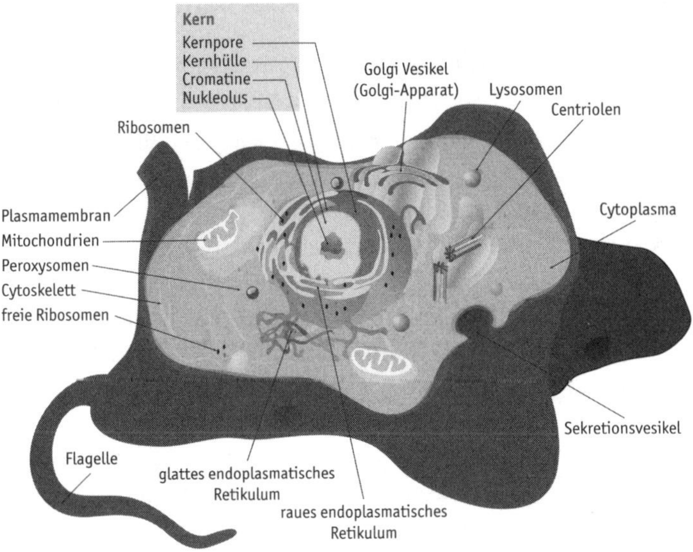

Schematische Darstellung eines Einzellers: Einzeller sind hochkomplexe Lebewesen, die nur dank der Gesamtheit ihrer Organellen lebensfähig sind (siehe S. 31). Sie vermehren sich durch Teilung, und es entstehen immer nur Einzeller. War das früher anders? Wurden in der fernen Vergangenheit einige Einzeller durch «Mutationen» zufällig zu mehrzelligen Lebewesen, die einen zu Pflanzen, die anderen zu Tieren?

eignet haben, die bewirkten, dass Einzeller zu mehrzelligen Lebewesen wurden, und zwar mit einer solchen Vielfalt an perfekten Mutationen, dass sowohl Pflanzen als auch Tiere entstanden. Einzeller müssten über Gensprünge zu mehrzelligen Lebewesen geworden sein, denn zweizellige Lebewesen gibt es nicht. In der Linie der Tiere bedeutet dies, dass aus Einzellern die vielen unterschiedlichen Formen von wirbellosen Tieren hervorgingen – und aus diesen die Insekten und die Wirbeltiere. Aus den ersten Wirbeltieren, den Fischen, seien die Amphibien hervorgegangen, aus den Amphibien die Reptilien, aus den Reptilien die Vögel und die Säugetiere und aus einer bestimmten Linie von Säugetieren die Menschen. Wie glaubwürdig ist diese Theorie?

Der geschichtliche Hintergrund des Darwinismus

Die Evolutionstheorie entstand Mitte des 19. Jahrhunderts als Gegenbewegung zur kirchlichen Lehrmeinung, die besagte, Gott habe das Universum und die Erde vor 6000 Jahren in 6 Tagen erschaffen, «und am siebten Tag ruhte er sich aus». Jede andere Ansicht wurde von den christlichen Kirchen abgelehnt und vehement bekämpft. Deshalb war es nicht verwunderlich, dass dieses eine Extrem – religiöser Dogmatismus – ein anderes Extrem hervorrief: eine materialistische Abstammungslehre. Darwins Anhänger der ersten Stunde, allen voran Thomas Huxley («Darwins Bulldogge», wie er sich selbst nannte), waren sogleich vom Gedanken der Evolution überzeugt und verfochten diese neue Theorie mit dem unerschütterlichen Glauben, dass alle offenen Fragen durch die spätere Forschung beantwortet werden würden. An dieser Situation hat sich bis zum heutigen Tag vom Prinzip her nichts geändert. Mit den Fortschritten in der Genetik entstanden immer neue Thesen zur Evolutionstheorie. Gleichzeitig wurde aber auch deutlich, dass alle organischen Strukturen – angefangen mit den Mikroorganismen und den Einzellern – viel komplexer sind, als Darwin auch nur ahnen konnte. Jede These wirft mehr Fragen auf, als beantwortet werden.

Darwinismus und Kreationismus

Die umfassendste Kritik am Darwinismus kommt heute aus dem Lager des christlichen und islamischen Kreationismus, und die vorgebrachten Argumente sind wissenschaftlich fundiert.[1] Sie werden jedoch von der Öffentlichkeit kaum zur Kenntnis genommen, weil sie mit einer fundamentalistischen Religionslehre verbunden sind, angefangen mit einem wörtlichen Glauben an Adam und Eva. Den Darwinisten fällt es deshalb leicht, die Kreationisten lächerlich zu machen und deren Argumente gegen die Evolutionstheorie ins Leere laufen zu lassen.

In der Frage nach der Herkunft des Lebens ist der Kreationismus jedoch nicht die einzige Alternative zum Darwinismus, und der Darwinismus ist nicht die einzige Alternative zum Kreationismus. Angesichts des Kampfes zwischen Evolutionstheoretikern und Kreationisten ist heute ein Denken in neuen Dimensionen erforderlich: *eine Wissenschaft jenseits von Darwinismus und Kreationismus.*

Die Evolutionstheorie beruht auf dem Weltbild des Materialismus

Wissenschaftlich erfassbare Fakten (Fossilien, anatomische Ähnlichkeiten, genetische Parallelen usw.) sind «Datenmaterial», das je nach Weltbild unterschiedlich interpretiert wird. Die Evolutionstheorie liefert eine Sicht der Naturgeschichte auf der Grundlage des Materialismus (mehr hierzu in Kapitel 1). Dieselben Fakten können aber auch mit anderen Weltbildern interpretiert werden: Dualismus, Monismus, Monotheismus, Theismus (= ganzheitliche Spiritualität). Was mich betrifft, so folge ich dem Weltbild des Theismus und formuliere die Kritik an der Evolutionstheorie aus dieser Sicht. Dadurch wird Schritt für Schritt auch deutlich, was die Grundaussagen der theistischen Wissenschaft sind. Wichtig ist vorerst aber einfach die Feststellung, dass der Materialismus nicht das einzig legitime Weltbild ist und dass noch andere Formen von Wissenschaft möglich sind.

Was ist die Problematik des Glaubens an die Evolutionstheorie?

Der Materialismus lehrt, dass das Leben des Menschen mit dem Tod erlischt; das Leben habe keinen höheren Sinn; es gebe keine Gerechtigkeit jenseits des irdischen Daseins, und der Mensch sei vor keiner göttlichen Instanz verantwortlich. Richard Dawkins, der führende Evolutionist der Gegenwart, formuliert dies wie folgt:

> In einem Universum mit blinden physikalischen Kräften und genetischer Verdoppelung werden manche Menschen verletzt, andere haben Glück, und man wird darin weder Sinn noch Verstand noch irgendeine Gerechtigkeit finden. Das Universum, das wir beobachten, hat genau die Eigenschaften, mit denen man rechnet, wenn dahinter kein Plan, keine Absicht, kein Gut oder Böse steht, nichts außer blinder, erbarmungsloser Gleichgültigkeit.[2]

Gemäß der Evolutionstheorie stammt der Mensch von den Tieren ab und ist, «biologisch gesehen», ein Tier. Wenn wir betrachten, wie die Menschen mit den Tieren umgehen, ist es nicht verwunderlich, dass auch unter den Menschen die Gewalt und die Rücksichtslosigkeit zunehmen (Terror, Kriege, Kriegslügen, Staatsgewalt usw.), nicht zu vergessen der staatlich institutionalisierte Materialismus in den sozialistischen Ländern, der während siebzig Jahren mehr als 100 Millionen Todesopfer forderte.

Nicht nur in der äußeren Welt verschärfen sich die Spaltungen und die Fronten. Auch in der Psyche der Menschen schlägt sich die Problematik dieses «Fortschritts» nieder. Stress, Oberflächlichkeit und Sinnleere greifen um sich. In der heutigen Zeit leiden weit über 100 Millionen Menschen unter Depressionen und nehmen pharmazeutische Antidepressiva zu sich, immer mehr auch Kinder, und die Zahl steigt rasant. Pro Jahr begehen 20 bis 30 Millionen Menschen einen Selbstmordversuch. 1 Million kommen jährlich durch Selbstmord ums Leben.[3]

Angesichts der Krisen und Probleme, die immer mehr um sich greifen, ist es eine dringende Notwendigkeit, die herrschenden Weltbilder bis in die Wurzeln («radikal») zu hinterfragen und, wo erforderlich, zu korrigieren. Die primäre Vorarbeit muss hier von den Philosophen geleistet werden, denn eine der wichtigsten Aufgaben der Philosophie ist die Analyse der Weltbilder, die der Politik, der Wirtschaft, den Religionen und der Wissenschaft zugrunde liegen. Aus diesem Grund sehe ich mich berechtigt, als Philosoph (und «Nichtbiologe») die Evolutionstheorie kritisch zu beleuchten. Die weiterführenden Themen habe ich bereits in meinen früheren Büchern behandelt, z. B. in *Licht wirft keinen Schatten* (2004), *Der radikale Mittelweg – Überwindung von Atheismus und Monotheismus** (2009), *Einheit im Licht der Ganzheit* (2011) und insbesondere *«Ihr seid Lichtwesen» – Ursprung und Geschichte des Menschen* (2013).

Das vorliegende Taschenbuch entstand aus Kapiteln, die ich ursprünglich für *«Ihr seid Lichtwesen»* vorgesehen hatte. Weil sie dort jedoch den Rahmen gesprengt hätten, fasste ich sie in einem einzigen Kapitel zusammen und habe das Thema *Evolution* nun in einer eigenständigen Abhandlung weiter ausgeführt (in der Reihe «Grundlagenwissen im Govinda-Verlag»).

Was mir vorschwebte, war ein universelles Manifest der Darwinismuskritik, das kurz und allgemein verständlich die wichtigsten Argumente wiedergibt und sie zu einem größeren Gesamtbild zusammenführt. Ich vertraue, dass der philosophische Ansatz meines Manifests auch akademische Fachpersonen anzusprechen vermag, denn hier geht es um Grundsätzliches: um ein Denken in neuen Dimensionen, um eine ganzheitliche Wissenschaft des Lebens, d. h. um Bio-Logie (*bíos* und *lógos*) im wörtlichen Sinn.

Mehr als einhundert Jahre lang wurde weltweit an den Universitäten aus der Sichtweise des Darwinismus geforscht und doziert. Es ist zu hoffen, dass sich die heutige Wissenschaft zunehmend auch für nichtmaterialistische Sichtweisen öffnet. Wie der religiöse Dogmatismus ist auch der Materialismus eine Sackgasse. Die wirkliche, spirituelle Evolution des Menschen führt über diese beiden Einseitigkeiten hinaus. Deshalb entschloss ich mich, als wissenschaftlicher Außenseiter über «Evolution» zu schreiben. Die Fragen nach der Herkunft des Menschen betreffen uns alle und sollten nicht dem Monopol des Darwinismus überlassen werden.

---

* Monotheismus: hier in der Bedeutung «Religionen mit Monopolanspruch», zu unterscheiden von *Theismus*, der zu einer ganzheitlichen Spiritualität führt; siehe: Armin Risi, *Ganzheitliche Spiritualität – Der Schlüssel zur neuen Zeit* (2011).

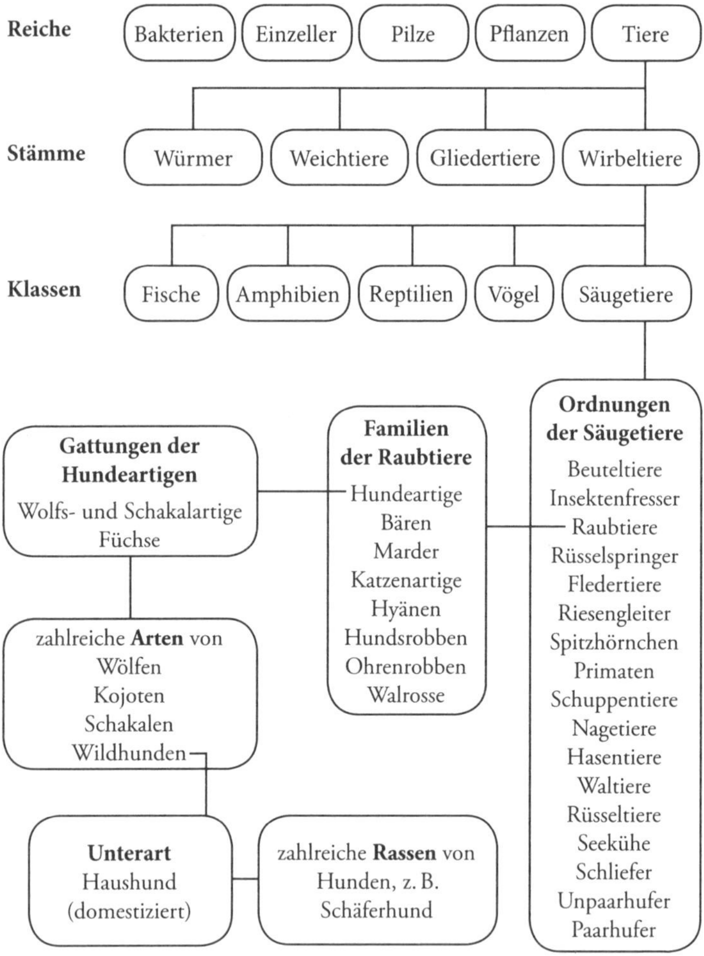

Übersicht über die Kategorien der Taxonomie

In der Biologie ist «Taxonomie» (von grch. *táxis,* «Ordnung», und *nómos,* «Gesetz») der Fachbegriff für die Einteilung der Pflanzen und Tiere in ein System von hierarchisch geordneten Kategorien: Reiche, Stämme, Klassen, Ordnungen, Familien, Gattungen, Arten und Rassen (bei Tieren) bzw. Sorten (bei Pflanzen). Die obige Darstellung ist eine vereinfachte Übersicht über das Tierreich. Das ausgewählte Beispiel der letzten Kategorie (Rasse), der Schäferhund, verläuft über die Verzweigung der Wirbeltiere und Säugetiere. Die artenreichste Klasse der Landwirbeltiere sind die Vögel (rund 10 600 Arten mit ca. 35 000 Unterarten).

Kapitel 1

Das Weltbild der Evolutionstheorie

Seit einhundert Jahren behaupten die Anhänger der Evolutionstheorie, ihre Sichtweise sei die einzige, die das Prädikat «wissenschaftlich» verdiene, alle anderen Sichtweisen seien esoterisch, pseudowissenschaftlich oder sogar wissenschaftsfeindlich, insbesondere der religiöse Kreationismus. Solche Behauptungen widersprechen jedoch den elementarsten Regeln der Wissenschaft. Wirkliche Wissenschaft erforscht und katalogisiert die Fakten und sucht dann sachlich und neutral nach Interpretationen, die der Gesamtheit der Fakten am besten entsprechen. Dass je nach Weltbild unterschiedliche Erklärungsmodelle aufgestellt werden, ist nur natürlich und entspricht dem Wesen von Wissenschaft.

Jede Interpretation beruht auf Weltbildern

Wissenschaftliche Schlussfolgerungen basieren immer auf *Glauben,* d.h. auf einem Weltbild, mit dem die Fakten interpretiert werden. Wenn die Evolutionstheoretiker sagen, nur ihre Erklärungen seien wissenschaftlich, machen sie einen grundlegenden Fehler: Sie vermischen die Ebenen von Wissen und Glauben und tun so, wie wenn sie selbst nicht auch glauben würden. Aber auch sie *glauben.* Alles, was wir als Wissen bezeichnen, beruht auf einer Interpretation der Wirklichkeit, und jede Interpretation ist von Weltbildern abhängig. Welches Weltbild wir wählen, ist subjektiv und «irrational», denn die Wahl ist abhängig von unserer Kultur, von unserem sozialen Umfeld, von unserer Mentalität und insbesondere von der Ausrichtung unseres Bewusstseins. *«Glauben» ist das Annehmen bzw. Übernehmen eines Weltbildes.* Mit anderen Worten: Jeder Mensch glaubt! Theisten glauben an das Weltbild des Theismus, Materialisten glauben an das Weltbild des Materialismus (Naturalismus), Agnostiker glauben an das Weltbild des Agnostizismus, usw.

Wirkliche Wissenschaft unterscheidet zwischen Fakten und Interpretationen, und dazu gehört, dass man deklariert, auf welchem Weltbild die eigene Interpretation beruht. Wird diese Unterscheidung nicht klar vorgenommen, wird Wissenschaft zu Ideologie. Das deutlichste Beispiel hierfür sind die «neuen Atheisten», die behaupten, die Evolutionstheorie sei wissenschaftlich bewiesen. Was sie über die Herkunft des Menschen sagen, ist jedoch in keiner Weise bewiesen, sondern ist ein Szenario, das vom Weltbild des Materialismus ausgeht. Dementsprechend beruht die Evolutionstheorie auf Annahmen wie: es gebe nur Materie, Materie organisiere sich selbst, Bewusstsein werde vom Gehirn erzeugt, es gebe keine höheren Schöpferintelligenzen und die ersten Lebewesen seien zufällig aus materiellen Bausteinen entstanden.

Der Materialismus wird auch *Naturalismus* genannt, weil er nur «natürliche» Erklärungen akzeptiert und alles «Übernatürliche» ablehnt. Dies ist jedoch nicht das einzig mögliche Weltbild. Mehr noch: Von allen Weltbildern ist der Materialismus das beschränkteste! Wirkliche Wissenschaft würde die Existenz feinstofflicher Welten und Energien nicht von vornherein ausschließen.

Die fünf Aspekte des Glaubens an Evolution

In der Frage nach der Entstehung von Kosmos, Erde und Mensch geht das Weltbild, das dem Darwinismus zugrunde liegt, von folgenden fünf Grundannahmen aus:

- **die Absolutheit der Materie,** d.h. der Glaube, der Urgrund von allem, was existiert, sei eine Totalität von Materie und Energie, was wiederum auf der Annahme beruht, der Urgrund des Universums und des Lebens sei *ohne Bewusstsein;*

- **die Selbstorganisation der Materie,** d. h. der Glaube, dass die Materie sich entsprechend den ihr innewohnenden Naturgesetzen selbst forme, und zwar ohne Zielsetzung und ohne höheren Sinn;
- **die Allmacht des Zufalls,** d. h. der Glaube, der gesamte Kosmos und die Erde – mitsamt der organischen Materie – seien durch zufällige Kombinationen von Atomen im Rahmen der physikalischen und chemischen Gesetze entstanden;
- **die Entstehung von Lebewesen aus Materie (Abiogenese),** d. h. der Glaube, organische Materie sei aus anorganischer Materie entstanden und die ersten Lebewesen – Bakterien, Mikroben, Einzeller – seien aus zufälligen Kombinationen von organischen Bausteinen hervorgegangen; dem wiederum liegt der Glaube zugrunde, alle Lebewesen, auch die Menschen, seien nichts anderes als materiell funktionierende Körper;
- **Makroevolution** (siehe Kapitel 4), d. h. der Glaube, aus Einzellern seien durch zufällige Mutationen pflanzliche und tierische Vielzeller entstanden – und aus diesen die gesamte Vielfalt von Pflanzen und Tieren.

Aus diesen Grundannahmen ergeben sich drei Formen von hypothetischen Evolutionen:

- **physikalische Evolution:** vom «Urknall» bis zur Entstehung der Erde (= Selbstorganisation der Materie);
- **chemische Evolution:** von der anorganischen Materie zur Entstehung der organischen Materie hin zur Entstehung der ersten Lebewesen aus Materie (= Abiogenese);
- **biologische Evolution:** von den ersten Lebewesen hin zur gesamten Vielfalt von Pflanzen, Tieren und Menschen (= Makroevolution).

Zufall oder höhere Ursachen?

Der Materialismus glaubt an die Absolutheit der Materie, doch ironischerweise wissen wir nicht, was Materie in Wirklichkeit ist. Die Quantenphysik hat das Tor zu neuen Erkenntnissen geöffnet, die weit über das materialistische Weltbild hinausführen. Am Anfang des 20. Jahrhunderts entdeckten Pioniere der neuen Physik, wie Max Planck, Niels Bohr und Werner Heisenberg, dass die Materie in ihrer innersten Struktur nicht den mechanischen Gesetzen der Newtonschen Physik folgt. Die kleinsten «Teilchen» der Materie bewegen sich nicht linear wie materielle Objekte unserer Erfahrungswelt, sondern machen Quantensprünge, die wir nicht fix berechnen können. Wir können nur sagen, wie hoch die Wahrscheinlichkeit ist, dass ein Elektron «hier» oder «dort» ist. Was bestimmt, ob ein Elektron «hier» oder «dort» ist? Nur der Zufall? Physiker, die von einem materialistischen Weltbild ausgehen, meinen, die Quantenphysik zeige, dass im Innersten der Materie, d. h. im Innersten unserer Welt, Zufall und Ziellosigkeit herrsche. Gesamthaft betrachtet, weisen die Indizien aber in eine andere Richtung. Wie grundlegende Experimente der Quantenphysik zeigen, reagieren die kleinsten materiellen Einheiten auf *Bewusstsein.* Das heißt, sie verhalten sich unterschiedlich, je nachdem, ob sie beobachtet oder nicht beobachtet werden!

Angesichts dieser Erkenntnis ist es naheliegend anzunehmen, dass die kleinsten Einheiten der Materie nicht nur in wissenschaftlichen Experimenten auf Bewusstsein reagieren, sondern auch in größeren Bezugssystemen, sei dies in der Form unseres Körpers, unseres Planeten oder des gesamten Universums.

Diese Schlussfolgerung wird von der materialistischen Wissenschaft grundsätzlich bestritten, aber nicht aufgrund von Fakten, sondern aufgrund ihres Weltbildes, die eine solche Möglichkeit von vornherein (per «Dogma») ausschließt.

Warum glauben so viele Wissenschaftler an die Evolutionstheorie?

In der Frage nach der Herkunft des Lebens auf der Erde macht die Wissenschaft einen sprichwörtlichen Fehler am Anfang der Rechnung, weil sie von einem materialistischen Weltbild ausgeht und die höheren Dimensionen des Kosmos ausblendet. Wenn man eine Rechnung mit einem Fehler beginnt, wird der Fehler immer größer, selbst wenn man im weiteren Verlauf richtig rechnet. Dies gilt auch für die Wissenschaftler, die naturalistischen Theorien folgen. Sie sind in ihren Fachbereichen selbstverständlich hoch kompetent, und sie sind zurecht überzeugt, dass sie richtig «rechnen», weshalb sie glauben, dass auch ihr Ergebnis richtig ist. Das jedoch kann ein Trugschluss sein. Würden sie zurück an den Anfang gehen, um zu schauen, wie die ganze Rechnung überhaupt begonnen hat, würden sie auf einmal den offensichtlichen Fehler erkennen. Der Fehler ist der, dass man sich von vornherein auf ein bestimmtes Weltbild fixiert hat und alle anderen Sichtweisen ignoriert und sogar ablehnt, während man selbst ebenfalls einen Glauben vertritt, nämlich dass es nur Materie gebe, dass ein Lebewesen nur eine komplexe Maschine aus organischer Materie sei, usw.

Wie erwähnt, legen die neusten Erkenntnisse der Wissenschaft eine andere Sicht der Welt nahe, und diese Sicht ist nicht wirklich neu, sondern entspricht dem zeitlosen Wissen, wie wir es aus der Mystik und aus den Quellen der alten Kulturen kennen und das wir heute neu, d. h. ganzheitlich* entdecken: durch die Parapsychologie, durch die Sterbeforschung (z. B. Nahtoderfahrungen), durch die spirituell-holistische Wissenschaft, durch die moderne Mystik und durch die theistische Philosophie.

---

* Ganzheitlich: vollständig, nicht nur einseitig. Gemäß der Definition im Buch *Der radikale Mittelweg* ist «ganzheitlich» ein Synonym für «theistisch» und bedeutet denken, leben und handeln im Bewusstsein der lebendigen Ganzheit, von der wir ein Teil sind.

Der Mensch ein Tier – eine «Kränkung»?

Vertreter des Darwinismus kritisieren die Religionen, weil diese sagen, der Mensch sei «im Abbild Gottes» erschaffen worden, sei also etwas Besonderes. Demgegenüber sei die darwinistische Weltsicht wissenschaftlich, sachlich und – im Gegensatz zu den religiösen Lehren – wahrhaft bescheiden, weil sie den Menschen als «Teil der Natur» erkenne und alles Übernatürliche ablehne. Es sei nur das Ego der Menschen, das sich gegen den Darwinismus wehre. Oft wird Sigmund Freud zitiert, der von den «drei Kränkungen der Menschheit» sprach. Die erste Kränkung sei die durch Kopernikus gewesen: die Entdeckung, dass die Erde nicht der Mittelpunkt des Weltalls ist; die zweite die durch Darwin: dass der Mensch von den Tieren abstamme und Teil des Tierreiches sei; und die dritte durch Freud selbst, durch die Entdeckung des Unbewussten, was bedeute, dass «das Ich nicht Herr sei in seinem eigenen Haus».[1]

Die größte Kränkung des modernen Egos wäre es jedoch, wenn sich herausstellen würde, dass die materialistische Weltsicht – und damit auch der Darwinismus – die wahre Natur des Lebens verkennt. Es ist nicht Bescheidenheit, wenn man alle Indizien für die Realität des «Übernatürlichen» (mystische Erlebnisse, Reinkarnationserinnerungen, v.a. von Kindern, Nahtoderfahrungen, Astralreisen usw.) pauschal ignoriert, banalisiert oder aus ideologischen Gründen ablehnt. Es ist nicht Bescheidenheit, wenn man das Leben und die Natur auf die Materie reduziert und sagt, die Tiere und die Pflanzen seien aus Materie entstanden, seien letztlich also nichts anderes als materielle Objekte. Es ist nicht Bescheidenheit, wenn man Gott und die Schöpferintelligenzen des Kosmos ausblendet und verneint.

Nicht nur der Mensch, die gesamte Schöpfung ist etwas Besonderes. Alles ist eine göttliche Schöpfung. Jede Pflanze und jedes Tier verkörpert bestimmte Eigenschaften und Fähigkeiten, die artspezifisch und einzigartig sind. Pflanzen und Tiere können sich nicht gegen ihre Natur wenden und ihre Bestimmung «vergessen». Nur die Menschen können dies – und das ist *ihre*, unsere Besonderheit. Wir sind bewusste Schöpferwesen und haben – im Gegensatz zu den Pflanzen und Tieren – die Freiheit, entsprechend oder nicht entsprechend unserer göttlichen Bestimmung zu leben. Wir können menschlich oder unmenschlich handeln. Kein Tier, auch kein Affe, kann gegen seine Natur handeln. Nur der Mensch kann dies, im falschen Gebrauch seiner Freiheit.

Tiere haben keine Wahl, ob sie dem Instinkt folgen wollen oder nicht. Sowohl die Tiere als auch die Menschen sind mit der göttlichen Quelle verbunden, jedoch auf unterschiedliche Weise. Tiere haben andere Aufgaben in der Schöpfung als die Menschen. Sie haben keine Lebenslektionen zu meistern und müssen nichts «lernen». Sie können deshalb von der göttlichen Schöpfungsintelligenz im artspezifischen Sinn direkt geführt werden. Der Instinkt des Menschen hingegen ist die *Intuition:* die innere Führung, die wir hören und befolgen können oder auch nicht. So wie die Tiere unbewusst dem Instinkt folgen, können wir lernen, der Intuition bewusst zu folgen. Die Pflanzen und Tiere fordern uns «unbewusst» auf, *unsere* Einzigartigkeit zu erkennen ...

Kapitel 2

Entstand Leben aus Materie?

Der Nobelpreisträger Steven Weinberg schrieb in seinem Buch *Die ersten drei Minuten – Der Ursprung des Universums:*

> Zu Anfang gab es eine Explosion. Nicht eine Explosion, wie wir sie auf der Erde kennen, die von einem bestimmten Zentrum ausgeht und sich zunehmend in die umgebende Luft ausbreitet, sondern eine Explosion, die sich gleichzeitig überall vollzog, die von Anfang an den gesamten Raum ausfüllte [...].[1]

Er sagt, unser Leben sei, kosmisch betrachtet, «bloß eine Farce, die sich aus einer mit den ersten drei Minuten beginnenden Kette von Zufällen ergab».[2] Heutige Vertreter des materialistischen Weltbildes sind fast schon stolz auf ihre Ansicht, dass das Universum keinen spirituellen Urgrund und keinen göttlichen Sinn habe (siehe Zitat von R. Dawkins auf S. 14). Weinberg sagt dasselbe, jedoch mit einer gewissen Melancholie:

> Je begreiflicher uns das Universum wird, desto sinnloser erscheint es. Doch wenn die Früchte unserer Forschung uns keinen Trost spenden, finden wir zumindest eine gewisse Ermutigung in der Forschung selbst. [...] Das Bestreben, das Universum zu verstehen, hebt das menschliche Leben ein wenig über eine Farce hinaus und verleiht ihm einen Hauch von tragischer Würde.[3]

«Am Anfang war ...»

Das Weltbild, auf dem die Evolutionstheorie beruht, postuliert für den Anfang des Universums eine physikalische, d. h. kosmische und stellare Evolution und für die Entstehung des Lebens auf der Erde eine chemische Evolution (S. 26). In einem populärwissenschaftlichen Standardwerk der modernen Kosmologie *(Vom Urknall zum Zerfall)* wird dies mit einem Anklang an die ersten Worte der Bibel folgendermaßen formuliert:

> Am Anfang war das Nichts, weder Zeit noch Raum, weder Sterne noch Planeten, weder Gestein noch Pflanzen, Tiere und Menschen. Alles entstand aus dem Nichts, zuerst ein sehr heißes Plasma aus Quarks, Elektronen und anderen Teilchen, zusammen mit Raum und Zeit. Schnell kühlte dieses Plasma ab; es bildeten sich Protonen, Neutronen, Atomkerne, Atome, Sterne, Galaxien und Planeten. Schließlich entstand das Leben in vielen Sonnensystemen des Alls, darunter auch auf einem Planeten eines ganz gewöhnlichen Sterns in einem der Spiralarme einer Galaxie, die sich zufällig am Rande einer großen Ansammlung von Galaxien befand. Aus einfachsten Organismen entwickelten sich dort im Laufe von vier Milliarden Jahren Pflanzen und Tiere und schließlich der Mensch.[4]

Was hier grob skizziert ist, entspricht der heute allgemein akzeptierten Ansicht über die Entstehung des Universums und der Erde. In Detailfragen mögen die Meinungen einzelner Wissenschaftler auseinandergehen, doch kaum jemand zweifelt daran, dass das Universum durch die Prinzipien «Zufall» und «Selbstorganisation der Materie» entstanden ist.

Urmaterie aus dem Nichts?

In schulwissenschaftlichen Lehrbüchern wird betont, dass nur das Messbare und rational Erfassbare Realität sei. Deshalb wird alles Feinstoffliche (und das Spirituelle sowieso) aus der eigenen Weltsicht ausgeschlossen: Am Anfang des materiellen Universums stand keine höhere Intelligenz, kein spiritueller Urgrund. Am Anfang war die Materie! Das wiederum bedeutet, dass die Lebewesen auf der Erde durch eine komplexe Kombination von materiellen Elementen entstanden sind.

Zur Frage, von welcher Art die Materie «am Anfang» war, existieren unterschiedlichste Theorien. Entstand das Universum aus einem Urknall? Oder ging es aus der Implosion eines früheren Universums hervor? Implosion oder Urknall, bei beiden Szenarien ist die Materie am Anfang ein Chaos,

Wie und warum entstand aus dem Chaos ein Kosmos? Was bedeutet «Chaos»? Woher kommen die unendlichen Mengen an anorganischer Materie, aus denen die unzähligen Galaxien mit ihren Sonnen und Planeten bestehen? Was ist das Geheimnis der Mineralwelt, des Wassers, des Feuers, der Gase, des physikalischen Lichts, der Elektrizität und all der anderen anorganischen Komponenten unserer Welt? Was ist das Geheimnis des Lebens?

und aus diesem Chaos entstand ein Kosmos mit zahllosen Galaxien, Sonnen und Planeten. Atomstrukturen existierten am Anfang noch nicht, denn Atome sind bereits Einheiten mit einer hohen Ordnung. Woher kam die Urmaterie? Wie konnten sich die Elementarsubstanzen, die mit Fast-Lichtgeschwindigkeit auseinandersausten, zu komplexen Atomstrukturen verbinden? Wie kann sich aus einer Null-Ordnung genannt «Chaos» eine kosmische Ordnung bilden? Die Annahme, dies sei alles durch Zufall und Selbstorganisation entstanden, ist ein Glaube, genauso wie die Annahme, dass die Materie von höheren Informationsfeldern (schöpferischen Intelligenzen) getragen und geformt wird.

Wir wollen hier zum Zweck der Diskussion die Szenarien der materialistischen Wissenschaft näher betrachten, und so wollen wir glauben, dass sich Atome bildeten und sich trotz ihres Auseinandersausens zu Galaxien- und Sternenhaufen verdichteten. Welche Glaubensschritte sind dann als nächstes erforderlich?

Die fundamentalste Frage der Biologie

Das sichtbare Universum besteht zum größten Teil aus anorganischer Materie. Nur schon die Existenz dieser unendlichen Menge von anorganischer Materie ist ein Rätsel und ein Wunder zugleich. Die anorganische Materie mag für uns tot und «mechanisch» erscheinen (die Mineralwelt, das Wasser, die Gase usw.), aber all diese Elemente beinhalten perfekte Strukturen und Eigenschaften. Und dann existiert – zumindest auf unserer Erde – auch organische Materie. Wie entstand in einem Universum aus anorganischer Materie organische Materie? Und die fundamentalste Frage der Biologie: Wie entstanden die ersten Lebewesen?

Die heutige Lehrmeinung besagt, die ersten Lebewesen seien über eine sogenannte chemische Evolution entstanden. Das Fachwort hierfür lautet Abiogenese (von grch. *a-bíos:* «nicht lebendig»; *génesis:* «Entstehung»): Entstehung der ersten Lebewesen aus Bausteinen der organischen Materie. Schon Darwin erkannte, dass seine Theorie in letzter Konsequenz auf diese Annahme hinausläuft. In seinem heute berühmten Brief an Joseph D. Hooker (1. Februar 1871) schrieb er: «Aber wenn (und oh! was für ein ‹Wenn›!) wir in irgendeinem kleinen Tümpel, beim Vorhandensein aller Arten von Ammoniak, phosphorsauren Salzen, Licht, Wärme, Elektrizität usw. wahrnehmen könnten, dass sich eine Proteinverbindung chemisch bildete, bereit, noch kompliziertere Verbindungen einzugehen», dann könnte dies der Schlüssel zur «Bildung lebender Geschöpfe» sein.

Am Anfang der Theorie der Abiogenese stand also ein Wunschdenken – und nicht etwa eine wissenschaftliche Erkenntnis, die auf eine Abiogenese hingedeutet hätte.

Leben kommt von Leben – nur am Anfang nicht?

1862, drei Jahre nach dem Erscheinen von Darwins *On the Origin of Species,* wies Louis Pasteur nach, dass alle bisherigen Theorien über das angebliche Entstehen von Lebewesen aus Materie auf falschen Annahmen und Voraussetzungen beruht hatten. Damit bestätigte er das Grundprinzip der Biologie: «Alles Leben kommt aus Lebendigem», lat. *omne vivum ex vivo.* Die darwinistische Biologie postulierte jedoch sogleich, dass diese offensichtliche Tatsache nur für die bereits existierenden Lebewesen gelte, nicht aber für den Anfang des irdischen Lebens: «Für die erstmalige Entstehung der Organismen auf der Erde gilt diese Aussage *[omne vivum ex vivo]* nicht. Unter den ganz andersartigen physikalisch-chemischen Verhältnissen nach der Entstehung der festen Erdrinde (vor rund 4,5 Milliarden Jahren) konnten Vorgänge ablaufen, die zur Bildung einfachster lebendiger Strukturen führten.»[5]

Der Glaube an eine zufällige Selbstzeugung der ersten Lebewesen aus Materie ist bis heute ungebrochen. Dementsprechend wurden Experimente gestartet, mit denen nachgewiesen werden sollte, dass unter präbiotischen* Bedingungen aus anorganischer Materie die Bausteine der organischen Materie (Aminosäuren) entstehen können. Tatsächlich wurde seit den 1950er Jahren (angefangen mit den berühmten Experimenten von Miller und Urey, 1953) mehrfach demonstriert, dass bei Simulationen der präbiotischen Erde und der Uratmosphäre aus anorganischen Elementen wie Wasserdampf, Wasserstoff, Methan und Ammoniak organische Verbindungen entstehen können, z. B. Formaldehyd, Ameisensäure und Aminosäuren. Die Lehrbücher verkünden, es sei gelungen, alle 20 Aminosäuren, die in lebenden Zellen vorkommen, synthetisch herzustellen, was beweise, dass die Bausteine der organischen Materie «abiogen» entstanden seien. Im Lauf der Jahrmillionen, so lautet die Theorie, sei

* Präbiotisch: die Zeit betreffend, als es auf der Erde noch keine Lebewesen gab.

die Menge der organischen Strukturen in den Urgewässern immer größer geworden, wodurch in flachen Buchten eine «Ursuppe» entstand, in der sich durch zufällige Verbindungen der organischen Bausteine die ersten Lebewesen bildeten. Andere Theorien besagen, die ersten lebenden Strukturen seien auf dem Grund der Meere bei Unterwasservulkanen entstanden.

All diese Experimente wurden von Wissenschaftlern durchgeführt, die von der Abiogenese überzeugt sind, weshalb die Auswertungen immer sehr großzügig und optimistisch ausfielen. Dementsprechend klingen auch die Formulierungen in den Lehrbüchern: «Dass unter solchen [präbiotischen] Bedingungen aus anorganischen Stoffen einfache organische Verbindungen – auch Bausteine von Lebewesen – entstehen können, ist zuerst von Miller und dann durch viele weitere Experimente auch von anderen Wissenschaftlern nachgewiesen worden.»[6]

Wie entstand organische Materie?

Die oben zitierte Lehrbuchbehauptung entspricht nicht den Tatsachen. Die Aminosäuren, die durch die chemischen Labormixturen entstanden, schwammen nicht einfach frei in der künstlichen Ursuppe umher, sondern mussten mit besonderen, *zielgerichteten* Methoden entdeckt und extrahiert werden. Die Biochemiker wollten diese organischen Syntheseprodukte finden und suchten mit entsprechenden Methoden nach ihnen. In der präbiotischen Welt gab es jedoch keine dirigierenden Kräfte dieser Art, weshalb nicht anzunehmen ist, dass die rudimentären organischen Strukturen extrahiert und zu komplexeren Verbindungen kombiniert wurden. Hinzu kommt, dass in den Labormixturen neben den seltenen organischen Strukturen viele weitere chemische Substanzen entstehen, von denen einige lebensfeindlich («giftig») sind, während andere die Verbindung von Aminosäuren zu Molekülen verhindern.[7] Zu den letzteren gehören Wasser (H_2O)

Wären Lebewesen ein Produkt von Materie, müsste es möglich sein, im Labor zumindest ein keimfähiges Samenkorn zu produzieren. Wir wissen bis ins Detail, aus welchen Bestandteilen ein Samenkorn besteht. Dennoch ist es nicht möglich, ein Samenkorn zu produzieren, aus dem eine Pflanze wächst, die wiederum Samenkörner hervorbringt …

Experimente wie die von Miller und Urey erzeugen aus anorganischer Materie nicht «Bausteine des Lebens», sondern nur *Bausteine der organischen Materie,* wobei in diesen chemischen Mixturen immer auch viele «giftige» Produkte entstehen, die weitere organische Reaktionsschritte verhindern. Es bilden sich also nur einzelne rudimentäre organische Strukturen, die sich nicht weiter verbinden.

und vor allem der im Wasser enthaltene Sauerstoff (O_2). So lebenswichtig diese Elemente heute sind, in der präbiotischen Zeit waren sie für den hypothetischen Aufbau organischer Verbindungen schädlich.

In den Szenarien der Abiogenese wird deshalb betont, dass die Uratmosphäre «reduzierend» gewesen sei, das heißt, dass sie keinen freien Sauerstoff enthalten habe, denn Sauerstoff hätte zu Oxidation geführt, was die Weiterentwicklung der organischen Bausteine verhindert hätte. Der freie Sauerstoff, so besagt die Theorie, sei erst viel später durch die Pflanzen entstanden, die langsam die heutige Form der Atmosphäre – mit 21% Sauerstoffanteil – aufbauten. (Hier wird angenommen, dass die relativ einfachen Urzellen durch Mutationen zu Pflanzenzellen mit komplexen Strukturen wurden, die zufällig eine Photosynthese ermöglichten!)

Wenn in der ursprünglichen Erdatmosphäre kein Sauerstoff vorhanden war, gab es auch keine Schicht aus Ozon (O_3), die den Planeten vor der kosmischen UV-Strahlung schützte.

Diese Strahlung wäre für die organischen Strukturen jedoch extrem schädlich gewesen und hätte deren Weiterentwicklung zu komplexeren Strukturen verhindert. (Organische Verbindungen wie z.B. Aminosäuren wären sofort nach ihrer Bildung von der UV-Strahlung der Sonne wieder zerstört worden.) Gleichzeitig ist unbestritten, dass es auf der frühen Erde bereits Wasser gab – und Wasser wird durch UV-Strahlung aufgespalten, das heißt, Sauerstoff wird freigesetzt. «Es ist nicht nur wahrscheinlich, sondern eine Tatsache, dass eine wasserhaltige Atmosphäre immer auch Sauerstoff enthält. Das aber schließt die Anreicherung [der Urgewässer] mit organischen Molekülen aus. Und damit sind wir in einer Zwickmühle: ohne Wasser kein Leben, mit Wasser aber Sauerstoff und somit keine reduzierende Atmosphäre, keine organischen Moleküle und kein Leben.»[8]

Die Evolutionstheorie beruht also auf einer sehr fragwürdigen Annahme: in der lebensfeindlichen präbiotischen Zeit hätten sich durch zahlreiche Zufälle erste Lebensformen entwickelt! Konkret bedeutet dies, dass in chemisch angereicherten Urgewässern durch Blitze, kosmische Strahlung usw. aus anorganisch-chemischen Elementen Bausteine der organischen Materie entstanden seien. Diese ersten Spuren von organischer Materie hätten sich mitten in den für sie «giftigen» Chemielösungen dennoch extrahiert und mit anderen selbstextrahierten Bausteinen zu Aminosäuren und ersten Proteinverbindungen zusammengefügt, obwohl viele Substanzen vorhanden waren, die solche Verbindungen eigentlich verhindern. Und diese organischen Bausteine hätten sich immer komplexer angeordnet, bis aus ihnen die ersten Lebewesen entstanden seien: zuerst die Prokaryoten, d.h. Organismen ohne Zellkern (hauptsächlich Bakterien), und dann die ersten Eukaryoten, d.h. Organismen mit Zellkern, angefangen mit den Einzellern. Diese hätten sich weiterentwickelt und seien zu den ersten tierischen und pflanzlichen Formen geworden, wobei bei den pflanzlichen Formen zufällig auch Anlagen zur Photosynthese entstanden seien. Über die Photosynthese wiederum sei eine Sauerstoffatmosphäre aufgebaut worden, wodurch die weitere Evolution möglich geworden sei:

> Leben ist über eine Folge von Evolutionsschritten durch Selbstorganisation von Molekülen und Molekülkomplexen entstanden. Dem vorausgegangen war eine lange Phase der chemischen Evolution, in der wichtige organische Ausgangsmoleküle durch Einwirkung verschiedener Energieformen auf die Bestandteile der frühen Atmosphäre gebildet wurden.[9]

Die kritische Wissenschaft ist sich bewusst, dass all diese Annahmen hypothetisch sind und durch keine empirische Forschung bestätigt werden. Dies war auch das Ergebnis des großen Weltkongresses, der dreißig Jahre nach den Miller-Urey-Experimenten in Mainz stattfand, veranstaltet von der «International Society for the Study of the Origin of Life» (ISSOL):

> «Ein weiteres Rätsel bleibt die Frage nach dem Ursprung der biologischen Information, also der Information in unseren heutigen Genen. [...] Die spontane Bildung von einfachen Nukleotiden oder gar von replikationsfähigen Polynukleotiden auf der präbiotischen Ebene muss heute aufgrund zahlreicher, aber erfolgloser Experimente als unwahrscheinlich angesehen werden.»[10]

Abiogenese: Wie wahrscheinlich ist das Unwahrscheinliche?

Einzellige Lebewesen sind hochkomplexe Organismen mit einer Zellmembran, mit vielen Organellen und vor allem mit einem Zellkern, der die DNS enthält (S. 11). Die DNS ist, rein chemisch betrachtet, ein langes Kettenmolekül mit einzelnen Unterteilungen, die *Gene* genannt werden. Wie groß ist die Wahrscheinlichkeit, dass solche organischen Formen zufällig entstanden sind?

Die Grundbausteine der organischen Materie sind die Proteine und die Enzyme, und diese bestehen aus Aminosäuren. Proteine enthalten bis zu 20 verschiedene Arten von Aminosäuren (plus 2 weitere, die aber nur sehr selten vorkommen). Diese Aminosäuren fügen sich hundert- bis tausendfach zusammen, um ein einziges Proteinmolekül zu bilden. Die Anzahl möglicher unterschiedlicher Aminosäureketten ist unvorstellbar groß. Aus 21 verschiedenen Aminosäuren ergibt sich schon bei einer Kettenlänge von 100 Aminosäureeinheiten die unvorstellbare Zahl von 21^{100} bzw. 10^{132} Verknüpfungsmöglichkeiten. Diese Zahl übersteigt die Anzahl aller Atome des Universums («nur» 6×10^{79} Teilchen) um das 10^{52}-fache![11]

Es gibt jedoch Proteine, die nicht alle 20 Arten von Aminosäuren enthalten. Deshalb fragen sich die Evolutionstheoretiker, wie klein die kleinste (= erste) lebensfähige organische Einheit gewesen sein könnte. Was war das Minimum an erforderlichen Aminosäurearten? Der Gedanke dabei ist offensichtlich: Je einfacher das erste Lebewesen war, desto «höher» war die Wahrscheinlichkeit, dass es zufällig entstehen konnte. Diese Frage ist jedoch irrelevant, denn nur schon die Wahrscheinlichkeit, dass anorganische Materieteile sich zufällig *zu einer einzigen* funktionsfähigen Proteinverbindung zusammenfügten, ist praktisch gleich null.

Der englische Biologe und Astrophysiker Sir Fred Hoyle (1915-2001) berechnete, dass die Wahrscheinlichkeit, dass sich ein einziges körpereigenes Protein durch eine zufällige Kombination von organischen Bausteinen gebildet hat, ungefähr 1 zu 50 000 000 000 000 000 000 (50 Trillionen) beträgt, und fügt hinzu: «In unseren Zellen haben wir jedoch ungefähr 200 000 verschiedene Proteinarten zur Verfügung.»[12] Das trifft auf die Zellen im menschlichen Körper genauso zu wie auf den Körper der ersten Einzeller!

Und eine Zelle besteht nicht nur aus Proteinen. Unter anderem enthält sie auch Enzyme, von denen es etwa 2000 verschiedene Arten gibt. Wenn wir nun auch noch diese 2000 Enzyme in die Rechnung mit aufnehmen, geht die Wahrscheinlichkeit, dass all diese organischen Strukturen durch zufällige Kombinationen entstanden, noch mehr gegen Null.

Sie ist $1:10^{40\,000}$ (eine 1 mit vierzigtausend Nullen)![13] Hier wird das geschätzte Alter des Universums um ein Milliardenfaches überschritten – nur um die *Grundbausteine der organischen Materie* zu bekommen.

> Die Wahrscheinlichkeit, dass ein einziges Gen von selbst entsteht, ist 1 zu 10^{600} (eine Eins mit 600 Nullen)![14]

> Die Chance für die zufällige Entstehung nur eines einzigen funktionsfähigen Gens ist kleiner als eins zu der Anzahl aller Partikel in Milliarden Universen […]. Und mit zunehmender Zelldifferenzierung müsste sich das ganze Szenario tausendfach wiederholt haben.[15]

Diese hohe, eigentlich totale Unwahrscheinlichkeit gibt auch kritischen Darwinisten zu denken (siehe Zitat des deutschen Nobelpreisträgers Manfred Eigen auf S. 39).

Organische Materie bedeutet noch nicht «Leben»

Selbst wenn alle die hier beschriebenen Unwahrscheinlichkeiten stattgefunden hätten, ist die materialistische Theorie damit nicht «gerettet», denn diese hypothetische Kette von Zufällen hätte nur *organische Materie* hervorgebracht (Aminosäuren, Proteinmoleküle, Enzyme usw.), aber keine *Lebewesen!* Die Kombination von organischer Materie erzeugt keine lebenden Wesen, sondern nur organische Materie. Aus den organischen Bausteinen wären nie lebendige Einzeller hervorgegangen, denn Lebewesen sind nicht bloß materielle Strukturen.

Das Entstehen von Proteinen und Enzymen hat noch nichts mit dem Entstehen von lebenden Wesen zu tun. Proteine und Enzyme sind nicht die «Bausteine des Lebens», wie immer verkündet wird, sondern *die Bausteine von organischer Materie.* Ein synthetisch hergestellter Proteinstrang ist nichts anderes als organische Materie, und Millionen von Proteinsträngen sind ebenfalls «nur» organische Materie. Selbst wenn eine Zellstruktur entstünde, wäre dies noch kein Lebewesen. Der Körper eines Einzellers unterscheidet sich von den organischen Bausteinen wie eine Großstadt von den einzelnen Elementen, aus denen die vielen Häuser, Energieleitungen, Straßen usw. gebaut werden, wobei dieser Vergleich nicht wirklich zutreffend ist. Eine lebende Zelle ist komplexer und wundersamer als jede noch so große Stadtstruktur.

Fazit: Was immer die Evolutionstheorie über die Entstehung der Arten und damit auch über die Entstehung des Menschen sagt, steht und fällt mit der Grundlage, auf der sie aufgebaut ist, nämlich den Hypothesen des materialistischen Weltbildes zur Entstehung des Kosmos, der Erde und der ersten Lebewesen. Solange nicht bewiesen ist, dass und *wie* die ersten Lebewesen aus Materie entstanden sind, schweben alle anderen Aussagen dieser Theorie in der Luft. Hier geht es nicht um eine nebensächliche Spitzfindigkeit, sondern um die *Grundlage* der Evolutionstheorie. Und diese Grundlage ist extrem hypothetisch. Das heißt, sie ist ein Glaube, der von der Richtigkeit des materialistischen Weltbildes ausgeht.

Kapitel 3

Produziert chemische Evolution biologische Information?

In Kapitel 2 betrachteten wir die Frage, ob das, was der Darwinismus als «chemische Evolution» bezeichnet, überhaupt eine realistische Hypothese darstellt. Aus anorganischen Substanzen sollen sich organische Bausteine, aus ihnen Moleküle und aus ihnen wiederum die ersten Lebewesen gebildet haben. Wir erkannten, dass die Entstehung von Molekülen eine grundlegende, aber nicht ausreichende Voraussetzung für die Entstehung einer lebensfähigen Zelle darstellt. Denn tote organische Bausteine bleiben tot, auch wenn sie sich zu komplexen Strukturen zusammenfügen. Eine lebende Zelle wird als «replikationsfähige organische Einheit» definiert, doch eine solche lebendige Einheit ist mehr als die Summe ihrer Bestandteile! Was die Teile zu einem lebensfähigen Ganzen werden lässt, ist die biologische Information, die im Ganzen – und durch das Ganze in den Teilen – enthalten ist.

Biologische Hardware und Software

Die DNS ist, rein chemisch betrachtet, ein langes Kettenmolekül mit einzelnen Unterteilungen, die *Gene* genannt werden. Diese Aussage aus dem vorigen Kapitel soll hier weiter verfolgt werden.

Die chemische Evolution bezieht sich nur auf das zufällige Entstehen von Molekülen aus kleineren organischen Bausteinen. Moleküle sind noch keine Gene, denn Gene sind *Informationsträger*. Wir können dies mit einem Computer vergleichen. Der Computer besteht aus einer materiellen Struktur (Hardware) mit vielen einzelnen Bestandteilen, die – richtig zusammengefügt – das Objekt «Computer» ergeben. Der

Computer funktioniert aber nur, wenn er mit Programmen (Software) ausgestattet ist, gemäß deren Information er startet und die weiterführenden Programme aktiviert. Eine lebende Zelle ist komplexer als jeder Computer, denn eine lebende Zelle steuert und versorgt sich selber und kann sich fortpflanzen («duplizieren»). Was die chemische Evolution postuliert, bezieht sich nur auf die biologische Hardware der Zelle, sagt aber noch nichts über die biologische Software, *die genetische Information.*

Das Entstehen von großen Molekülverbindungen (Makromolekülen), die zur Doppelhelix der DNS werden, ist ein Wunder und sprengt alle materiellen Wahrscheinlichkeitsrechnungen. Doch damit «funktioniert» die Zelle noch nicht. Im Vergleich mit der Inbetriebnahme eines Computers sind wir hier erst auf der Stufe, wo *leere* Computer-CDs vorliegen. Diese CDs werden erst dann zu Installations- und Programm-CDs, wenn sie mit der entsprechenden Information versehen sind. CDs werden gebrannt, das heißt, die Information ist unabhängig von der CD entstanden und wird erst ganz am Schluss von außen auf die CDs gegeben. Ebenso sind die DNS-Stränge Informationsträger. Die Vertreter des Darwinismus postulieren, dass die gesamte Information, die auf der DNS enthalten ist, bei der Entstehung der DNS zufällig mitproduziert worden sei. Die biologische Information sei das Produkt der chemischen Evolution. Der Informationsträger habe die Information selbst erzeugt!

Information ist eine nicht-materielle Komponente

Der Körper eines jeden Lebewesens wird von Information geformt und geprägt. «Information» ist das typische Merkmal von Leben, und biologische Information ist nicht das Produkt von physikalischen und chemischen Vorgängen. Im Gegenteil, es ist die biologische Information, die alle physikalischen und chemischen Vorgänge in einem lebenden Körper steuert. Diese Vorgänge laufen über das Zusammenspiel von Materie und Energie, aber ohne Information würde keiner dieser Vorgänge stattfinden oder auch nur gestartet werden können. Jeder organische Lebensprozess umfasst also drei Komponenten: Materie, Energie und Information. Im Gegensatz zu Materie und Energie ist Information eine *nicht-materielle* Komponente. Wenn wir wieder den Vergleich mit dem Computer heranziehen, sehen wir, dass jegliche Information im Computer auf die «Informatik» der Programmierer zurückgeht. Information ist Ausdruck von Bewusstsein. Wenn wir in einem Computer ein Programm oder auch alle Programme löschen, bleibt er gleich schwer! Und er wird nicht schwerer, auch wenn wir Hunderte von Megabytes «downloaden».

Information ist nicht materiell, und sie kann sich nicht selbst erzeugen, ganz zu schweigen davon, dass der Informationsträger die Information erzeugt. Information ist nicht eine isolierte Komponente, sondern ist immer mit einem Code, mit einer Sprache, verbunden. Information ist nur dann Information, wenn sie einen sinnvollen Inhalt hat und *gelesen* werden kann. Die DNS enthält sowohl Information als auch einen Gen-Code, mit dem die lebende Zelle die Information lesen kann. In einem lebenden System ist Information also nicht das Produkt der Wirkungsweise von Materie und Energie, sondern die Information *steuert* die Wirkungsweise von Materie und Energie.

Information ist zielgerichtet

Bei den Eukaryoten (Organismen mit Zellkern), angefangen mit den Einzellern, befindet sich die DNS im Zellkern, bei den Prokaryoten (Organismen ohne Zellkern) bewegt sie sich frei im Zytoplasma (Substanz des Zellkörpers). Prokaryoten sind hauptsächlich Bakterien. Eukaryoten und Prokaryoten existieren heute parallel und in Symbiose. Nur bei unnatürlichen Verhältnissen und gestörten Gleichgewichten können Prokaryoten für ihre «Wirte» gefährlich werden, indem sie Krankheiten erregen.

Die Evolutionstheorie postuliert nun, dass die Prokaryoten aus der zufälligen Kombination von organischen Bausteinen entstanden seien, und aus diesen ersten Lebewesen seien in der Folge die ersten Eukaryoten entstanden. Prokaryoten sind aber nicht primitive, einfache Organismen, sondern eigenständige lebende Einheiten mit einer DNS-Doppelhelix. Ganz abgesehen davon, dass eine solche Doppelhelix nicht durch zufällige Kombinationen von organischen Bausteinen entstanden sein kann, ist auch unschwer zu erkennen, dass die Information auf der DNS (die «Software») nicht zufällig und schrittweise entstanden sein kann. Information ist immer zielgerichtet, das heißt, sie bestimmt die gesamte Form und die gesamten Lebensprozesse in der Zelle. Die Zelle könnte nicht entstehen, wenn nicht zuerst die DNS-Information vorhanden ist. DNS und Zelle gehören zusammen und sind eine lebendige Einheit.

Nur wenn die DNS in ihrer Gesamtheit vorhanden ist, ist die Information, die sie trägt, vollständig und dadurch fähig, die Zelle entstehen zu lassen. In der DNS ist von Anfang an das Endprodukt (das Ziel) einprogrammiert. Information und Ziel bedingen sich gegenseitig, und das muss auch bei der ersten Zelle so gewesen sein. Das wiederum bedeutet, dass das Ziel von Anfang an als Vorgabe existiert haben muss. Und mehr noch: Nicht nur die Information existierte «vorher», auch die Sprache muss schon vorher existiert haben, denn nur über diesen Code werden die DNS-«Buchstaben» zu Information.[1]

Demgegenüber geht das materialistische und darwinistische Weltbild von der Annahme aus, dass Information eine materielle Größe sei und aus «Nicht-Information» entstanden sei. Als Beispiel sei hier der deutsche Nobelpreisträger Manfred Eigen zitiert, der diesen Glauben in seinem Buch *Stufen zum Leben* mit folgenden Worten zum Ausdruck bringt:

> Leben ist […] reine Schöpfung aus dem Nichts des Zufalls, nicht Offenbarung eines naturgesetzlichen Plans. […] Leben ist ein dynamischer Ordnungszustand der Materie. […] Information entsteht aus Nicht-Information. […] Die Logik des Lebenden hat ihren

> Ursprung in Physik und Chemie. Die Nucleinsäuren stehen an der Grenze zwischen Chemie und Biologie. Ihre spezifisch chemischen Eigenschaften bilden die Voraussetzung, um aus Nicht-Leben Leben werden zu lassen.[2]

Dieser namhafte Wissenschaftler zieht aber auch in Betracht, dass all diese Ansichten falsch sein könnten:

> Es gibt allerdings keine Weltformel, die die Entstehung des Lebens als Konsequenz materiellen Verhaltens zwingend deduzierte und gleichzeitig das Wunder der Mannigfaltigkeit höheren Lebens bis hin zur Seele des Menschen erklären könnte. [...] Dennoch [trotz des vorherrschenden Materialismus] ist die Frage berechtigt, wie es möglich ist, dass etwa ein Gen, dessen Sequenz eine von 10^{600} (eine Eins mit sechshundert Nullen) möglichen Alternativen darstellt, sich spontan und reproduzierbar bildet. Welche physikalische Wirkung ist dafür verantwortlich? [...] Lässt sich die Biologie an dieser entscheidenden Stelle auf die Physik reduzieren? Wenn nicht, müssen wir das Vorhandensein einer *vis vitalis* [geistige Lebenskraft] annehmen, eines Dämons [Schöpfergeist], der außerhalb der physikalischen Gesetze tätig wäre.[3]

Gene sind flexibel und multifunktional

Lange Zeit wurde in der Molekularbiologie die Annahme vertreten, ein Gen entspreche dem Code für ein Proteinmolekül. Diese Annahme gilt heute als widerlegt, denn es wurde erkannt, dass die DNS-Information einer Zelle nicht statisch und fix ist. Sie kann verändert und umgeschrieben werden, ist also «flexibel», und mehr noch: Gene sind multifunktional. Das heißt, sie haben nicht eine lineare 1-zu-1-Funktion.[4]

Gemäß den Erwartungen der Evolutionstheorie müssten einfache Lebewesen eine einfache Genstruktur haben und «höhere» Lebewesen eine komplexere. Dem ist aber nicht so. Die Entschlüsselung des Genoms von Pflanzen und Tieren zeigt keine Zunahme der Anzahl Gene von einfachen zu komplexen Organismen. Es ist also nicht so, dass Bakterien die geringste Anzahl Gene haben, dass Einzeller eine höhere Anzahl haben und Säugetiere die höchste.

Der Mensch und die Maus haben pro Zelle die gleiche Anzahl Gene: 21 000. Der Fadenwurm hat 19 000, die Fruchtfliege 15 000, der grüne Kugelfisch 27 000, die Erdbeere 35 000, die Sojabohne 46 000, die Gerste bis zu 53 000. Einige Bakterien haben bis zu 45 000 Gene. «Die Komplexität eines Lebewesens korreliert überraschenderweise zwar grob mit der Größe des haploiden Genoms, jedoch nur schwach mit der Zahl der Gene. Dass die Zahl der Gene bei dem sehr einfach gebauten Fadenwurm nur wenig geringer ist als beim Menschen, kam einer Sensation in der Biologie gleich. [...] Manche Bakterien haben auf den ersten Blick also viel mehr Gene als Säugetierarten. Die Ansicht, Bakterien seien ‹primitive› Lebewesen, gehört damit endgültig der Vergangenheit an.»[5]

Der Unterschied zwischen Bakterien, Würmern, Mäusen, Affen und Menschen liegt offensichtlich nicht in der Anzahl der Gene, sondern in der *Information* der Gene. Wenn wir Lebewesen nur «biologisch» betrachten, zeigt sich, dass der Aufbau vieler Gene – rein funktional gesehen – sehr ähnlich ist. Evolutionstheoretiker leiten aus der genetischen Ähnlichkeit von Affe und Mensch die Hypothese ab, Affe und Mensch hätten einen gemeinsamen Vorfahren und der Mensch stamme von den Tieren ab. Diese Hypothese der Abstammung ist jedoch nicht zwingend und nicht einmal naheliegend, wenn wir die Fakten ohne darwinistische Voreingenommenheit betrachten (siehe Kapitel 7).

Kapitel 4

Mikroevolution und «Makroevolution»

Der französische Botaniker und Zoologe Jean-Baptiste de Lamarck (1744-1829), der berühmte Vorläufer von Darwin, war ein aktiver Vertreter des materialistischen Weltbildes. In seinem Standardwerk *Philosophie zoologique* schrieb er:

> Das Leben ist nur ein physikalisches Phänomen. Alle Lebenserscheinungen beruhen auf mechanischen, physikalischen und chemischen Ursachen, die in der Beschaffenheit der organischen Materie selbst liegen.[1]

Lamarck glaubte an Spontanzeugungen, d.h. dass Urformen von Pflanzen und Tieren aus unbelebter Materie entstanden und dass von ihnen die jeweiligen Entwicklungslinien ausgingen. Die Entstehung der Artenvielfalt erklärte er mit der Theorie, dass erworbene Eigenschaften an die Nachkommen vererbt werden. Ein bekanntes Beispiel für diesen Lamarckismus ist ein hypothetisches antilopenartiges Tier, das aufgrund eines trocken gewordenen Klimas begann, Blätter von Bäumen zu fressen, und deshalb seinen Hals immer mehr streckte, wodurch über viele Generationen hinweg die Giraffen entstanden. Obwohl Lamarcks Theorie heute widerlegt ist, enthält auch der Darwinismus lamarckistische Züge, zum Beispiel wenn gesagt wird, das instinktive Verhalten von Tieren habe sich über viele Generationen hinweg aufgebaut.

Vom Darwinismus zum Neodarwinismus

In der Linie von Lamarck äußerten im 18. Jahrhundert verschiedene Philosophen und Forscher den Gedanken, dass alle Pflanzen und Tiere von einer gemeinsamen «Urform» abstammen. Charles Darwin (1809-1882) brachte diese Theorie in seinen Büchern *On the Origin of Species* (1859) und

The Descent of Man (1871) systematisch zu Papier und nannte diese hypothetische Entwicklung «Deszendenztheorie» (Abstammungstheorie). Erst um 1870 kam das Wort «Evolution» in sein Vokabular. Dieses Wort war vorher allgemein für jede Art von beobachtbarer organischer Entwicklung verwendet worden. «Erst später wurde der Begriff ‹Evolution› eigentlich fälschlicherweise für die Abstammungslehre verwendet.»[2]

Der grundlegende Gedanke hinter Darwins Theorie war folgender: Jede Art erzeugt mehr Nachkommen, als zum Überleben notwendig sind. Unter der Vielzahl von Nachkommen gibt es immer gewisse Unterschiede. Die meisten Unterschiede liegen im Bereich der normalen Variation, einige Veränderungen sind schädlich, und einige seltene Veränderungen stellen Verbesserungen dar. Jene Nachkommen, die eine schädliche Abweichung von der Norm aufweisen, werden durch die natürliche Selektion «aussortiert». Diejenigen, die eine Verbesserung ihrer körperlichen Konstruktion aufweisen, können sich im Kampf ums Dasein besser durchsetzen. Über die Jahrtausende – und das ist die große hypothetische Annahme – summieren sich diese kleinen Verbesserungen, bis sich die veränderte Art so sehr von der ursprünglichen Art unterscheidet, dass sie eine *neue Art* darstellt.

Der vollständige Titel von Darwins Klassiker lautete: *On the Origin of Species by Means of Natural Selection or the Preservation of Favoured Races in the Struggle for Life* («Über die Entstehung der Arten durch natürliche Selektion oder Die Erhaltung begünstigter Rassen im Kampf ums Dasein»). Darwin war der Meinung, dass äußere Bedingungen (Variation, Kampf ums Dasein, natürliche Selektion) genügten, um das Entstehen neuer Arten zu erklären. Heute jedoch sind sich alle Biologen darin einig, dass diese Faktoren allein nicht zur Entstehung neuer Arten führen können. Deshalb wurden zusätzliche Mechanismen der Evolution gesucht, und man glaubt, sie in der Genetik gefunden zu haben: Der entscheidende Faktor seien *Mutationen,* d.h. zufällig entstehende Veränderungen der Genstruktur. Dieser erweiterte Darwinismus wird Neodarwinismus genannt. Eine andere Bezeichnung ist «Synthetische Evolutionstheorie», weil sie eine Synthese von Faktoren aus unterschiedlichsten Forschungsbereichen darstellt: von der klassischen Biologie über die Genetik und die Biochemie bis hin zur Kosmobiologie (Einfluss von kosmischer Strahlung als Ursache für Genmutationen).

Die Evolutionstheorie postuliert eine Makroevolution

Bei der Diskussion der Evolutionstheorie ist es entscheidend, zwischen Mikroevolution und Makroevolution zu unterscheiden. Im klassischen Darwinismus wurde diese Unterscheidung nicht getroffen, und auch der Neodarwinismus behandelt diese Unterscheidung nur deswegen, weil die Kritiker mit Nachdruck auf diesen Unterschied hinweisen.

Mikroevolution umfasst die gesamte Bandbreite von Mutation und Selektion mit der entsprechenden Adaption (Anpassung) und Variation (Veränderung). Durch diese Faktoren zeigen die jeweiligen Lebewesen innerhalb ihrer Gattung und Art eine große Variabilität.

Die Evolutionstheorie postuliert jedoch eine *Makroevolution:* Veränderungen, die zur Entstehung neuer Arten, Gattungen, Familien, Ordnungen, Klassen und Stämmen führen sollen.

Mikroevolution: Veränderung von bereits vorhandenen Organen und Körperstrukturen durch Mutation und Selektion mit der daraus erfolgenden Adaption und Variation (innerhalb der jeweiligen Arten und Gattungen).

Makroevolution: Entstehung von neuen Lebensformen mit bisher nicht vorhandenen Organen und Körperstrukturen, was das Erscheinen kategorisch neuer und eigenständiger genetischer Baupläne miteinschließt (neue Arten/Gattungen und insbesondere neue Familien, Ordnungen, Klassen und Stämme).

In den Urgewässern seien aus Einzellern durch zufällige Mutationen die Linien der Pflanzen und Tiere entstanden. Bei den Tieren hätten sich verschiedene Linien von Einzellern in Weichtiere, Krustentiere, Gliederfüßer usw. verwandelt. Aus diesen wirbellosen Tieren seien Wirbeltiere (Knorpelfische und Knochenfische) sowie die Insekten entstanden; aus den Fischen seien die Amphibien hervorgegangen, aus den Amphibien die Reptilien, aus Reptilien die Vögel und die Säugetiere. Aus rattenartigen Insektenfressern, den angeblich ersten Säugetieren, sei die gesamte Vielfalt der heute existierenden Säugetiere entstanden: Kängurus, Fledermäuse, Pferde, Löwen, Elefanten, Wale, Delfine usw. bis hin zu den Primaten – und aus diesen die Menschen.

Jeder dieser Schritte erforderte das Erscheinen neuer Baupläne in der Genetik mit einer gleichzeitigen Umstrukturierung des gesamten Körpers der Vorgängerart. Während Mikroevolution in der Natur überall beobachtet und durch Zucht imitiert und auch weitergeführt werden kann, ist Makroevolution nicht beobachtbar, und es existieren auch keine direkten Beweise. Alles, was als Beweis für Makroevolution hingestellt wird, ist kein wirklicher Beweis (siehe Beispiele am Schluss dieses Kapitels). Die «Beweise» gehören ausnahmslos in den Bereich der Mikroevolution!

Makroevolution ist nur ein theoretisches Konzept, das in der Annahme gründet, dass durch die Summierung vieler kleiner Schritte immer größere Veränderungen entstehen. Die Gleichung lautet: Mikroevolution + lange Zeit = Makroevolution. Doch diese Gleichung geht nicht auf, denn sie führt den Fehler am Anfang der Rechnung (S. 21) weiter und vergrößert ihn noch. Wenn man an die Evolutionstheorie glaubt, wird man alle biologischen Fakten immer so interpretieren, dass sie scheinbar die eigene Theorie bestätigen.

Mikroevolution führt nicht zu Makroevolution

Die Natur, die Fossilien und auch die unbefangene Logik lassen erkennen, dass Tiere und Pflanzen durch Variation und Adaption ihre Körpergröße, ihren Körperbau, ihre Ernährungsweise, ihre Tarnung und ihre Abwehrmechanismen verändern können. Tiere können im Lauf der Zeit größer oder kleiner werden, sie können andere Rassenmerkmale hervorbringen, sie können längere oder kürzere Krallen oder Schnäbel entwickeln, sie können ein dünneres oder dickeres Fell oder ein anderes Farbmuster entwickeln. Aber dies führt nie zu einer Makroevolution. Mit anderen Worten: Einzeller bleiben Einzeller, Weichtiere bleiben Weichtiere, Fische bleiben Fische, usw. Und auch innerhalb der Familien und Gattungen entstehen keine neuen Kategorien: Quastenflosser bleibt Quastenflosser, Frosch bleibt Frosch, Echse bleibt Echse, Ratte bleibt Ratte, Affe bleibt Affe …

Der Glaube an grenzenlose Mutationen und perfekte Zufälle

Der Neodarwinismus versucht, den hypothetischen Evolutionsvorgang durch zufällig entstehende Veränderungen in der Genstruktur zu erklären. Die Argumentation lautet wie folgt: Beim Kopieren des Genoms treten von Generation zu Generation Abweichungen («Mutationen», d.h. Kopierfehler) auf. Die meisten Mutationen sind schädlich oder neutral. Nur ganz selten erzeugt eine Mutation eine geringfügige Verbesserung. Über Jahrtausende bis Jahrmillionen hinweg, so glauben die Evolutionstheoretiker, würden sich diese kleinen Schritte summieren, was letztlich zu einer Makroevolution führe.

Betrachten wir diese Theorie näher. Die genetische Information in der DNS lässt sich mit einer sinnvollen Aneinanderreihung von Buchstaben vergleichen. Das Alphabet des genetischen Codes besteht zwar nur aus vier Buchstaben, doch

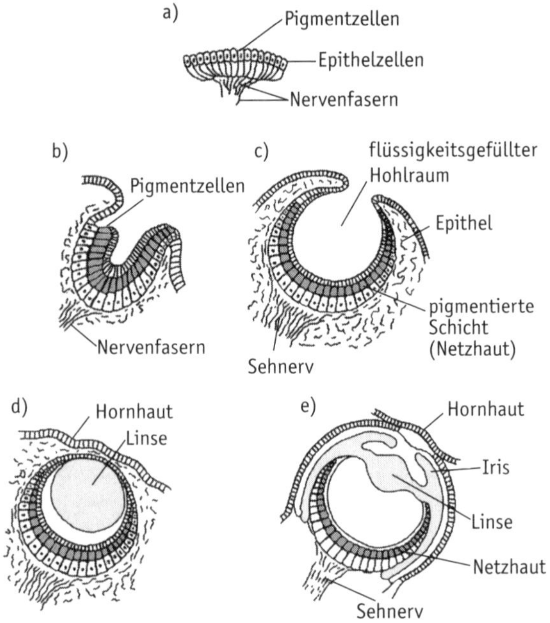

Die verschiedenen Augentypen zeigen Kategorien, aber keine Evolution

Im Tierreich existieren unterschiedliche Augentypen: a) Augenfleck mit lichtempfindlichen Pigmentzellen (bei vielen Einzellerarten); größere Augen dieser Art (Flachaugen) besitzen Quallen, Seesterne und einige Wurmarten; b) Pigmentbecherauge, z. B. bei Lanzettfischchen und Strudelwürmern; c) Grubenauge (ist im Gegensatz zum Becherauge mit einem Sekret gefüllt), z. B. bei Irismuscheln; eine komplexere Form des Typs Grubenauge ist das Lochauge oder Lochkameraauge, z. B. bei Kopffüßern wie dem Nautilus; d) Blasenauge und einfaches Linsenauge, z. B. bei Hohltieren, Ringelwürmern und bestimmten Schneckenarten; e) komplexes Linsenauge, in unterschiedlichen Ausprägungen zu finden bei Oktopussen, bei Kalmaren und insbesondere bei den Wirbeltieren.

Diese Aufreihung von Augen unterschiedlichster Tiere wird in den Biologielehrbüchern immer so dargestellt, dass der Eindruck entsteht, sie dokumentiere die «Entwicklung» des einen Augentyps aus dem anderen. Faktisch haben wir hier nur eine Aufreihung von einfachen bis komplexen Augentypen, die allesamt eigenständige, für die jeweiligen Tiere perfekt abgestimmte Sehorgane sind. Die Makroevolution des Auges würde zahlreiche kombinierte Mutationen auf organischer, biomechanischer und neuronaler Ebene erfordern.[3] Neben dem Linsenauge existieren als parallele Kategorien auch das Facettenauge (links: Vergrößerung des Auges der Fruchtfliege Drosophila) und das Spiegelteleskopauge[4].

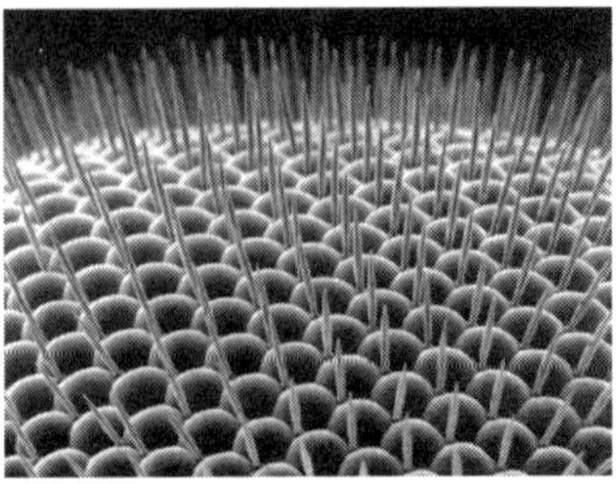

diese vier Buchstaben setzen sich in vielfacher Kombination zu einer langen informationstragenden Kette (Doppelhelix) von Genen zusammen. Bei der Zellteilung wird die gesamte milliardenfache Erbinformation einer jeden Zelle identisch kopiert. Und nicht nur das: Die Teilung bzw. Verdoppelung einer Zelle bedeutet auch, dass der Kopierapparat (die RNS) sich selbst kopiert!

Die DNS-Information aller Zellen (vom Einzeller bis zur Körperzelle des Menschen) ist wie ein Text mit Millionen von Buchstaben. Makroevolution bedeutet, dass zahlreiche Mutationen Schritt für Schritt eine neue Genstruktur entstehen lassen, und zwar in kategorisch neuen Formen wie Amphibien, Reptilien, Vögel, Säugetiere usw. Wie groß ist die Wahrscheinlichkeit, dass durch die zufällige Durchmischung und Aneinanderreihung von Buchstaben ein sinnvoller Satz entsteht, d. h. dass durch eine zufällige Kombination von organischen Bausteinen die ersten Lebewesen entstanden?

Nehmen wir einmal an, Buchstaben hätten sich tatsächlich zufällig zu einem Satz zusammengefügt. Nun kommt es in diesem Satz zu Mutationen. Buchstaben werden zufällig vertauscht, verdoppelt, gestrichen. Wie groß ist die Wahrscheinlichkeit, dass dadurch ein neuer Satz entsteht, der inhaltlich und grammatikalisch richtig ist? Und wie groß ist die Möglichkeit, dass aus der zufällig vermehrten Buchstabenfülle nicht nur ein neuer Satz, sondern eine Serie von Sätzen (ein Einzeller mit Zellkern) entsteht? Und dann ein ganzes Buch? Und nicht nur ein einziges Buch, sondern zahlreiche Bücher? Und Bücher in neuen Sprachen? Genau das postuliert die Evolutionstheorie: aus einfachen Formen seien komplexere Formen in unterschiedlichen Stämmen, Klassen und Ordnungen (= neue Bücher in anderen Sprachen) hervorgegangen, und das alles aufgrund von zufälligen Genmutationen.

Es wurde versucht, die These «viele Mutationen über eine lange Zeit ergeben makroevolutive Schritte» wissenschaftlich nachzuweisen. Bekannt sind die Experimente mit der Fruchtfliege *Drosophila melanogaster,* einem kleinen Insekt, das eine

Generationsfolge von 9 bis 14 Tagen hat. In den Experimenten wurden über zahlreiche *Drosophila*-Generationen hinweg künstliche Mutationen hervorgerufen, was bedeutet, dass eine viel größere Anzahl von Mutationen auftrat als in der Natur. Trotz dieser gezielten Eingriffe kam es über all diese Generationen hinweg nie auch nur annähernd zu einer makroevolutiven Veränderung. Die Fliegen blieben Fliegen, wenn auch oft mit extremen Missbildungen, z. B. Beine anstelle der Antennen oder verkümmerte Flügel.[5]

Noch intensiver ist das seit 1988 laufende Experiment mit dem Darmbakterium *Escherichia coli.* Auch nach mittlerweile über 50 000 Generationen zeichnet sich nicht die geringste Tendenz hin zu einer makroevolutiven Veränderung ab.[6]

Die Beobachtungen in der Natur und auch Experimente zeigen also, dass die Variabilität Grenzen hat, und diese Grenzen können nicht überschritten werden. Trotz aller Mutationen bleiben die Fruchtfliegen Fruchtfliegen. Es ist keine große Spekulation, wenn wir annehmen, dass dies auch für alle anderen spezifischen Gattungs- und Artgruppen gilt.

Beispiele, die angeblich Evolution illustrieren

In den Biologielehrbüchern werden verschiedene Beispiele angeführt, die zeigen sollen, dass Evolution eine Tatsache sei und quasi vor unseren Augen ablaufe: 1) vorteilhafte Veränderungen in der Natur, 2) das Entstehen neuer Rassen von Tieren und Sorten von Pflanzen durch Zucht, 3) die schnelle Resistenzentwicklung von Krankheitserregern gegen Antibiotika und Pestizide.

Vorteilhafte Veränderungen: Ein typisches Beispiel sind Insekten, die auf Inseln mit starken Winden leben und dort flugunfähig wurden. Ihre Flügel wurden zurückgebildet oder verschwanden vollständig. Auf dem Festland wäre dies eine schädliche Veränderung, auf den windigen Inseln war der Verlust der Flugfähigkeit jedoch ein Vorteil, denn Insekten, die sich durch Fliegen fortbewegen, werden von den Winden auf das Meer hinausgetragen.

Ein weiteres Beispiel sind Fische und Salamander, die in finsteren Höhlen leben und keine Augen mehr haben, weil sie sich zurückbildeten. Das Verschwinden der Augen muss für diese Arten ein Vorteil gewesen sein (vielleicht Energieeinsparung oder Schutz gegen Parasitenbefall an den Augen oder ein noch nicht bekannter Grund).

Diese Beispiele haben jedoch nichts mit Makroevolution zu tun, sondern illustrieren das breite Spektrum der Variabilität des Genoms dieser Tiere (= Mikroevolution). Der Verlust der Flügel bzw. der Augen ist eine *Degeneration,* das heißt, es entstand keine neue Geninformation, sondern Geninformation ging verloren! Dieser Verlust geschah dadurch, dass gewisse Tiere, die entsprechende Mutationen aufwiesen, sich gegenüber den anderen durchsetzen konnten, weil ganz spezifische Umweltbedingungen herrschten. Wenn sich die augenlosen Fische und Salamander mit ihren ursprünglichen Artgenossen kreuzen, kehren die Augen zurück.

Hier zeigt sich ein wichtiger Grundsatz: *Natürliche Selektion schafft nie etwas Neues,* sondern wählt nur innerhalb des Vorhandenen aus und führt dadurch zu unterschiedlichen Formen von Spezifikation (Variation, Adaption, Degeneration).

Zucht von neuen Rassen und Sorten: Der Mensch kann durch gezielte Zucht und Kreuzung neue Rassen von Pferden, Hunden, Tauben usw. und neue Sorten von Äpfeln, Mais, Bohnen usw. erzeugen. Dadurch wird die Vielfalt vergrößert, aber *auf der Ebene der Gene* bedeutet dies eine Ausdünnung und Verarmung. Dies ist gerade das Gegenteil dessen, was die These der Makroevolution postuliert. Aus den ursprünglichen Hunden können über viele Zwischenstufen Pudel und Möpse herausgezüchtet werden, doch aus Pudeln und Möpsen können keine Urhunde und Wölfe entstehen. Makroevolution wäre aber genau das: dass durch zufällige Mutationen neue, größere und gänzlich verschiedene Gensätze entstehen (z. B.

Evolutionstheorie: Ein Beweis, der keiner ist

Das berühmteste Beispiel für «Evolution», das immer wieder angeführt wird, ist die Populationsverschiebung von Birkenspannern im 19. Jahrhundert in England. Diese besondere Art von Nachtfaltern *(Biston betularia)* existiert in zwei Farbtönen. Die große Mehrzahl war zu Beginn des 19. Jahrhunderts hell mit einem leichten Muster aus dunklen Linien, während der kleine Rest ganz dunkel war. Von 1850 bis 1920 vergrößerte sich die Anzahl der dunklen massiv, und die hellen waren in der Minderzahl (bis hin zu einem Verhältnis von 95% zu 5%). Es wurde vermutet, der Grund dafür sei der gewesen, dass ab 1850 die Industrialisierung einsetzte, wodurch die Baumstämme aufgrund der Rußwolken aus den Fabrikkaminen verschmutzt und dunkler wurden, weshalb plötzlich die dunklen Birkenspanner besser getarnt gewesen seien als die hellen. Dieses Ereignis gilt «als die schlagendste evolutionäre Veränderung, die jemals von Menschen beobachtet wurde».[7]

Das viel zitierte Beispiel mit den hellen und dunklen Birkenspannern hat jedoch nichts mit einer Makroevolution zu tun, nicht einmal mit einer Mikroevolution. Es fand keinerlei Höherentwicklung statt, nicht einmal eine Adaption oder Variation. Das einzige, was sich veränderte, war die prozentuale Aufteilung der dunklen und hellen Exemplare innerhalb derselben Population.

Der helle und der dunkle Birkenspanner.

aus Pudeln Wölfe). Durch Zucht entstehen Formen, die in der Natur nie entstanden wären, weil diese Formen nur mit Hilfe des Menschen überlebensfähig sind. Dennoch sind all diese Formen im Genom der ursprünglichen Arten enthalten! Auch dieser offensichtliche Fakt weist auf das Gegenteil von Makroevolution hin. Die ursprünglichen Arten haben ein Genom mit praktisch unendlicher Variabilität, und durch Zucht, Kreuzung und Selektion können einzelne Linien herausgefiltert werden, die jedoch alle nicht mehr die große genetische Variabilität der ursprünglichen Formen haben. Am Anfang finden wir in jeder Art und Gattung die *komplexesten* Genformen, und jede «Weiterentwicklung» ist eine Verminderung und Verringerung der Variabilität. Auch hier stellt sich die Frage: Wie entstand die ursprüngliche Geninformation, die ein solch unendliches Potential der Variation und Adaption in sich birgt?

Resistenz gegen Antibiotika und Gifte: Die Menschen gehen mit Antibiotika gegen Krankheitserreger und mit Giften gegen Insekten vor, die Krankheiten übertragen (z. B. Malaria-Mücken), doch innerhalb von relativ kurzer Zeit sind diese «Feinde» immun gegen die Gifte des Menschen. Ist das nicht eine darwinistische Evolution vor unseren Augen? Nein, denn auch hier geschieht genau das Gegenteil von «Evolution». Die Gifte töten alle Bakterien bzw. Insekten außer jenen, die innerhalb des breiten Spektrums der normalen Variation immun gegen das Gift sind. Weil das Gift alle anderen getötet hat, pflanzt sich nur noch der kleine Rest von immunen Exemplaren fort, weshalb nach einer gewissen Zeit eine neue, resistente Population erscheint. Wenn hier von einer «Weiterentwicklung» oder gar «Evolution» gesprochen wird, ist dies eine falsche Darstellung, denn hier wurde nichts «weiterentwickelt». Es wurde nur eine Eigenschaft, die bei einigen wenigen *bereits vorhanden* war, durch künstliche Selektion aussortiert und dadurch vermehrt.

Fazit: Hier kann nur wiederholt werden, was am Anfang dieses Kapitels bereits betont wurde: Alle angeblichen Beweise für Evolution gehören in den Bereich der Mikroevolution! Wenn Beispiele von Mikroevolution als «Beweise» für die hypothetische Makroevolution ausgegeben werden, ist dies unwissenschaftlich und – aus der Sicht von nicht-ideologischer Wissenschaft – unehrlich und irreführend. Makroevolution ist nicht einfach die Summe von «viel Mikroevolution», genauso wie eine Reise zum Mond nicht einfach die Summe von «viel Wandern» ist: «Wenn wir lange genug einen Schritt vor den anderen setzen, kommen wir irgendwann auf dem Mond an.» Der Unterschied zwischen den beobachtbaren Schritten der Mikroevolution und den verschiedenen Arten, Gattungen, Familien, Ordnungen, Klassen und Stämmen ist tatsächlich vergleichbar mit dem Unterschied zwischen Wanderungen auf der Erde und einer Reise zum Mond, ja zur Sonne! Sonne, Mond und Erde sind Teil desselben Sonnensystems, so wie Tiere, Pflanzen und Menschen Teil derselben Natur sind. Dennoch bestehen kategorische Unterschiede, die nicht einfach linear überbrückbar sind. Die Entstehung der Stämme, Klassen usw. ist ein Mysterium, das durch die Evolutionstheorie mehr verschleiert als geklärt wird.

Kapitel 5

«Makroevolution» funktioniert nicht einmal in der Theorie

Darwin hielt die natürliche Selektion für den Hauptmotor der hypothetischen Makroevolution. Der Neodarwinismus sieht den Hauptmotor in den Genmutationen. Wann immer Genmutationen auftreten, ist es die natürliche Selektion, die entscheidet, welche mutierten Einzeltiere und Einzelpflanzen überleben und welche nicht. Makroevolution würde bedeuten, dass sich eine Entwicklungslinie durch Mutationen so weit von der ursprünglichen Art entfernt, dass sie sich nicht mehr mit dieser paaren kann. An diesem Punkt ist das durch Mutationen veränderte Tier aber noch keine neue Art! Es hätte körperliche Veränderungen, die nicht mehr der normalen Variationsbreite der ursprünglichen Art entsprechen, aber es hätte auch noch nicht die vollständige Form der neuen Art. All diese extremen Mutanten würden auf halber Strecke «auf der Strecke» bleiben, weil sie nicht mehr überlebensfähig wären oder von natürlichen Feinden getötet würden. Wenn wir die Szenarien einer Makroevolution konkret ausformulieren, wird ersichtlich, dass gerade die natürliche Selektion jede Makroevolution im Keim erstickt. Die natürliche Selektion verhindert Makroevolution!

Die Szenarien der Makroevolution

Wir wollen in diesem Kapitel betrachten, wie die hypothetischen Linien einer Makroevolution aussehen würden: innerhalb derselben Klasse und über die Klasse hinaus. Innerhalb der Klasse der Säugetiere betrachten wir zwei Beispiele: die Entstehung der Fledermäuse und (im nächsten Kapitel) die Entstehung der Wale. Bei der hypothetischen Entwicklung von einer Klasse zur anderen betrachten wir den Vorgang, der erforderlich wäre, damit Reptilien zu Vögeln und zu Säugetieren würden. Ein weiteres Beispiel ist der Quastenflosser, von dem lange angenommen wurde, er sei das Verbindungsglied zwischen den Fischen und den Amphibien, also ein Beweis dafür, dass sich Tiere von einer Klasse in eine andere verwandeln können. Während man den Quastenflosser optisch – mit viel darwinistischer Phantasie – für einen frühen Vorfahren der Amphibien halten konnte, fehlen bei gewissen Tieren jegliche Kandidaten eines hypothetischen Vorfahren. Das wahrscheinlich eindrücklichste Beispiel sind die Schmetterlinge mit ihrer Metamorphose.

Wurden Reptilien zu Vögeln?

Gemäß der Evolutionstheorie stammen die Vögel von den Reptilien ab. Das offenkundigste gemeinsame Merkmal der Tiere dieser beiden Großkategorien (Klassen) ist, dass sie Eier legen. Die berühmten Versteinerungen des Archaeopterix zeigen einen urzeitlichen (archaischen) Vogel, der gewisse Körpereigenschaften hat, die man auch bei den Reptilien findet. Gemäß dem darwinistischen Paradigma sind gemeinsame Merkmale Beweise für eine Abstammung, wobei all jene ähnlichen Merkmale, die nicht durch eine direkte evolutionäre Abstammungslinie entstanden sind, als *Konvergenzen* bezeichnet werden (= unabhängige Entstehung ähnlicher Körperteile oder «Bauteile»), z. B. die verschiedenen Augentypen oder – relevant für die hier diskutierte Frage – die verschiedenen Typen von Federn.

Zwischen Reptilien und Vögeln bestehen kategorische Unterschiede: im Körperbau, im Skelett, im Blut, in der Art ihrer Eier, usw. «Archaeopterix» ist eine Bezeichnung für eine ausgestorbene Art/Gattung von Vögeln, die tauben- bis rabengroß waren. Sie werden dem Erdzeitalter Jura zugeordnet, waren warmblütig und hatten Federn, die in ihrer Komplexität den Federn heutiger Vögel entsprachen. Die neuronale Struktur

Viele Tiere der früheren Erdzeitalter sind ausgestorben oder waren anders geartet als ihre späteren Nachkommen. Dies gilt auch für die urzeitlichen (archaischen) Vögel der Trias-, Jura- und Kreidezeit. Der bekannte Archaeopterix, ein populärer «Beweis» für Darwins Abstammungslehre, war ein taubengroßer Vogel mit Zähnen, einer langen Schwanzwirbelsäule und kleinen Klauen an den drei Flügelfingern. Dies macht die Vögel der Gattung Archaeopterix jedoch nicht zu einer Übergangsform. Sie hatten vogeltypische Füße, Skelettmerkmale und Flügel mit perfekt ausgebildeten Federn. Diese ausgestorbenen Vögel der Saurierzeit sind Beispiele für *Mosaikformen:* Tiere, die Eigenschaften verschiedener Klassen in sich vereinen. Die mosaikartige Verteilung der vogeltypischen und (aus heutiger Sicht) vogeluntypischen Merkmale illustriert keine Entwicklungslinie von Reptilien zu Vögeln, sondern sind das Ergebnis von Konvergenzen sowie Adaption und Variation innerhalb des breiten Spektrums der urzeitlichen Vögel, von denen die neuzeitlichen Vögel abstammen.

war die eines Vogels,[1] die Flügel erlaubten aber nicht den gewandten Flug der heutigen Vögel: «Stattdessen lagen bei ihnen die noch sehr dünnen Federn in mehreren, fast gleichlangen Schichten übereinander [...] eine hocheffiziente gefiederte Tragfläche [...]. Denn die in mehreren Schichten übereinander liegenden Federn stabilisierten sich gegenseitig und bildeten daher eine zwar dicke, aber stabile Tragfläche.»[2]

Diese Urvögel hatten Flügel, die perfekt auf einen Gleitflug abgestimmt waren. Sie lebten zur Zeit der Saurier, und damals war die Atmosphäre sauerstoffreicher als heute.[3] War das ein Grund für diese besondere Art von Flügeln? Der Archaeopterix hatte aber auch Merkmale, die heute aus darwinistischer Sicht als Restspuren einer Reptilienabstammung interpretiert werden: eine lange Schwanzwirbelsäule, kleine, krallenartige Fortsetzungen bei den drei langen Fingern des Flügels (solche Krallen hat auch der heutige Strauß), ein Brustbein ohne Kamm (auch einige heutige Vögel wie der Hoatzin haben eine solche Art von Brustbein) und einen kieferartigen Schnabel mit Zähnen. Heute existieren keine Vögel mit Zähnen, doch aus Fossilienfunden erkennen wir, dass viele Vogelarten der Jura- und Kreidezeit Zähne hatten. («Am Ende des Jura habe es in Eurasien bereits eine erstaunlich breit gefächerte Vielfalt an Vogel-Vorfahren gegeben.»[4]) Mit dem Ende der Kreidezeit verschwanden die urzeitlichen Vögel, und im nachfolgenden Zeitalter (Tertiär) erschienen die direkten Ahnen der heutigen Vögel, inkl. Flamingos, Pinguine usw.

Der Archaeopterix war ein «primitiver» Vogel, der Körpermerkmale verschiedener Tiergruppen in sich vereinigte. Dies wird *Mosaikform* genannt.[5] Das bekannteste Beispiel aus der heutigen Zeit ist das Schnabeltier. Obwohl es ein Fell und einen entenartigen Schnabel hat und Eier legt, ist es klar, dass es sich hier nicht um irgendeine Art von Übergangsform handelt, sondern um ein «seltsames» Säugetier. Viele ausgestorbene Mosaikformtiere werden jedoch im darwinistischen Sinn als Übergangsformen interpretiert, so auch die gefiederten Laufsaurier, die wir im Folgenden betrachten.

Ein kleiner Laufsaurier (Theropode). Die Vorderbeine, die wie kleine Arme sind, sollen über viele Mutationen zu Flügeln geworden sein.

Die darwinistische Suche nach den Reptilienvorfahren der Vögel: Die heutige Lehrmeinung geht davon aus, dass die Vorfahren der Vögel kleine Theropoden (zweibeinig laufende Saurier) gewesen seien. Ende der 1990er Jahre wurden erstmals Fossilien von Theropoden mit einfachen Federn oder federartigen Hautfortsätzen entdeckt, doch diese befanden sich in Schichten der frühen Kreidezeit, sind also *jünger* als der Archaeopterix. Dieser zeitliche Widerspruch wird so erklärt: Bei den gefundenen Fossilien handle es sich um Nachkommen von früheren Theropoden, aus deren Linie dann die Vögel entstanden seien. Die «Federn» dieser kleinen Laufsaurier waren von Art zu Art verschieden: von struppigen, kielartigen Hautfortsätzen bis hin zu daunenartigen Flaumfedern. Flaumfedern haben nichts mit Flugfedern zu tun und dienten höchstwahrscheinlich der Isolation gegen Kälte. (Die Theropoden waren Kaltblüter. Ob einige Ausnahmen, vielleicht der Oviraptor, warmblütig waren, ist umstritten.)

Die Hypothese, dass die Federn der Vögel eine Weiterentwicklung der Hornschuppen der Reptilien sind, gilt als widerlegt. Die neue Hypothese besagt, dass die Evolution der Feder ähnlich stattgefunden habe wie der Verlauf der Wachstumsstadien der Federn bei Jungvögeln. Die Väter dieser Hypothese schreiben:

> Federn entstanden früher als die Vögel – in einer Gruppe räuberischer Dinosaurier. Zum Fliegen dienten die Hautgebilde anfangs

> nicht. […] Wie wachsen Federn bei heutigen Vögeln? […] Wie Haare wachsen Federn von der Basis her, wenn sich die Keratinzellen im Federbalg teilen und dabei ältere Zellen nach oben schieben. Die Wachstumsmuster folgen allerdings einer besonders komplizierten Choreografie […] [Daraus entstand] die These, dass man anhand dieser Wachstums- und Differenzierungsprozesse herleiten kann, wie die Vorläufer moderner Federn ausgesehen haben müssen. Wir gehen davon aus, dass es verschiedene Entwicklungsstadien gab, wobei die Strukturen immer komplizierter wurden. […] Auch bei einer wachsenden Vogelfeder kommen Schritt für Schritt neue Gestaltungsmechanismen hinzu.[6]

Sind die Schritte der «besonders komplizierten Choreografie», die wir heute im Wachstum der Federn von Jungvögeln sehen, Abbilder einer evolutionären Entwicklung? Waren diese Entwicklungsstufen in früheren Erdzeitaltern in einer gestaffelten Entwicklung getrennt? Hatten die ersten federtragenden Tiere struppige Federsträhnen, wie wir sie heute bei Jungvögeln nach dem Schlüpfen sehen? Und haben sich diese Strähnen über viele Generationen hinweg zu Daunenfedern und dann zur Vielfalt der Vogelfedern entwickelt? Diese Theorie ist nicht sehr plausibel, denn bei den Jungvögeln ist die gesamte Information des Wachstums in den Genen festgeschrieben. Aber wenn es früher Laufsaurier gab, die federkielartige Hautgebilde hatten, dann waren dies Formen, die durch Mutation entstanden waren und keine Geninformation für eine Weiterentwicklung enthielten. Nun glauben die Evolutionstheoretiker, dass zahlreiche zufällige Veränderungen in der Geninformation zu einer Weiterentwicklung führten – «wobei die Strukturen immer komplizierter wurden»! Auf diese Weise sei das differenzierte Gefieder der Vögel entstanden …

Wenn durch Evolution zuerst die wärmenden Daunenfedern entstanden waren und diese in weiteren Schritten zu Vogelfedern mutierten, so wäre jede Veränderung für das Reptil ein Nachteil gewesen. Nur das vollständige Gefieder auf einem vollständigen Vogelkörper ist nützlich. Parallel zur Veränderung der Daunen hätten – durch zufällige, aber perfekt kombinierte Mutationen – zahllose andere körperliche Veränderungen eintreten müssen, denn ein Vogel ist nicht nur ein Reptil mit Federn. Ein Vogel ist ein Warmblüter, hat hohle Knochen, ein Federkleid mit Flaum-, Deck-, Flug- und Steuerfedern, einen aerodynamischen Körperbau, entsprechende Füße usw. Die Laufsaurier hatten nur kleine Vorderbeine («Arme»). Aus diesem kleinen Extremitätenpaar sollen durch zufällige Mutationen Flügel entstanden sein! In dieser hypothetischen Entwicklungslinie hätten die mutierten Laufsaurier jedoch irgendwann ein Stadium erreicht, in dem sie wegen der missgebildeten Federn und Füße nicht mehr richtig laufen, aufgrund der noch nicht vollständig gebildeten Flügel und Federn aber auch noch nicht fliegen konnten. Solche Zwischenformen wären schlichtweg lebensunfähig gewesen oder hätten für Feinde eine leichte Beute dargestellt.

Zur Klarstellung: Hier wird nicht angezweifelt, dass einst Reptilien (Theropoden) mit «Federn» existierten. Dass es sie gegeben hat, ist durch Fossilien belegt.* Zweifelhaft jedoch ist, dass diese Theropoden durch viele Mutationen zu Vögeln wurden. Faktisch gesehen, haben wir auf der einen Seite die Vielfalt von Sauriern (inkl. gefiederte Theropoden), auf der anderen Seite die Vielfalt von archaischen Vögeln (inkl. Archaeopterix). Diese Urzeitvögel verschwanden am Ende der Kreidezeit und wurden durch die Vielfalt der modernen Vogelformen «ersetzt».

Wurden Reptilien zu Säugetieren?

Reptilien sind kaltblütige Tiere mit Schuppen und legen Eier. Wie sollen Reptilien allmählich zu Säugetieren geworden sein? Wenn wir im Folgenden das Entstehen der Fledermäuse und der Wale betrachten, geht es um Tiere *derselben Klasse* (Säugetiere). Aber hier bei der Frage, woher die Säugetiere stammen,

* Viele Darstellungen von Theropoden beruhen auf unvollständigen Skeletten oder Versteinerungen und sind spekulativ, weil sie von Personen stammen, die an die Evolutionstheorie glauben, weshalb die Rekonstruktion immer von der Vorstellung einer Reptil-Vogel-Entwicklung geprägt ist.

geht es um eine noch viel größere Veränderung, um Veränderungen auf den höchsten kategorischen Ebenen. Diese Linie würde bedeuten, dass durch Millionen von zufälligen Mutationen ein Umbau des gesamten Körpers stattfand, und das alles mit perfekt koordinierten Veränderungen: in der Beschaffenheit des Blutes und der Blutzirkulation, im Stoffwechsel, in der Haut, in der Entwicklung von Haarwuchs usw. und vor allem auch in der Fortpflanzung (Übergang vom Eierlegen zum Gebären von Nacktjungen). Eine solche Linie hätte ununterbrochen sein müssen. Sie konnte den Betrieb nie zeitweilig einstellen: «Wegen Umbau geschlossen.» Mit anderen Worten, in dieser Linie hätten Tausende von Zwischenformen entstehen müssen, die auf jeder Stufe fortpflanzungs- und lebensfähig waren. Solche Zwischenformen, z. B. 50% Reptil / 50% Säugetier, sind aber nur evolutionstheoretische Konstrukte «auf dem Papier».

Wie entstanden die Fledermäuse?

Der Begriff «Makroevolution» bezeichnet nicht nur die hypothetische Entstehung der einen Klasse aus der anderen, sondern auch die «Evolution» *innerhalb* der jeweiligen Klassen (Entstehung der Ordnungen, Familien, Gattungen und Arten). Betrachten wir als Beispiel die Säugetiere. Gemäß der darwinistischen Interpretation der Fossilien waren die ersten Säugetiere rattenähnliche Insektenfresser. Wie ist aus dieser ersten Säugetierart die gesamte Vielfalt von Säugetieren entstanden: Beuteltiere, Gürteltiere, Schuppentiere, Insektenfresser (inkl. Igel), Nagetiere, Hasenartige, Fledertiere, Primaten, Raubtiere, Wale und Delfine, Seekühe, Unpaarhufer, Paarhufer, Rüsseltiere usw.?

Betrachten wir nun konkret die Frage nach der Abstammung der Fledermäuse. Sie gehören zur Ordnung der Fledertiere (Chiroptera), die mit über 1100 Arten nach den Nagetieren (2280 Arten) die artenreichste Säugertierordnung darstellt. Bei den Fledermäusen müssen auch die Evolutionstheoretiker einräumen, dass der Fossilienbefund keinerlei Hinweise auf Übergangsformen liefert.[7] Nehmen wir an, der hypothetische Vorfahre sei ein mausartiges Tier gewesen. Durch eine zufällige Serie von Mutationen müsste dieses Tier langsam längere und dünnere Finger entwickelt haben, zwischen denen sich gleichzeitig eine Flughaut herausbildete. Parallel dazu müssten sich auch die Hinterbeine, das Hirn, die Augen, die Ohren usw. grundlegend verändert haben (Fledermäuse haben ein Echolotgehör). Wie sähen die Zwischenstufen aus: von 90% «Maus» / 10% Fledermaus über 50% Maus / 50% Fledermaus bis hin zu 10% Maus / 90% Fledermaus? Diese Kreatur hätte halblange dünne Finger, mit denen sie nicht mehr rennen, aber auch noch nicht fliegen kann; sie hätte nicht mehr das ursprüngliche Gehör, aber auch noch kein Echolotgehör – und so weiter.

Der Quastenflosser ist kein Missing Link

Die Fossilien liefern keinerlei Hinweise, wie sich bei Fischen die Gliedmaßen und der Beckenknochen der Amphibien entwickelt haben sollen. Dennoch wird geglaubt, dass die Amphibien von den Fischen abstammen. Für Jahrzehnte galt der Quastenflosser als Paradebeispiel für diese hypothetische Entwicklung, weil seine Brust- und Bauchflossen wie die Vorstufen von Beinen aussehen. Fossilien dieses Fisches fand man nur in den Schichten der Saurierzeit, weshalb man annahm, er sei zusammen mit den Sauriern ausgestorben. 1938 entdeckte jedoch eine Wissenschaftlerin in Südafrika auf einem Fischmarkt einen Quastenflosser, 1,5 m lang und 52 kg schwer! Er war weit vor der südafrikanischen Küste aus einer Tiefe von 200 m heraufgezogen worden. Seither wurden viele weitere Exemplare gefangen, und es fanden auch U-Boot-Expeditionen in die Lebensbereiche dieses «lebenden Fossils» statt.

Heute wissen wir, dass sich der Quastenflosser nie in ein Amphibium weiterentwickelt hat. Er lebte und lebt in einer Tiefe von 150 bis 400 Metern, ohne die geringste Tendenz,

Der Quastenflosser, ein «lebendes Fossil». Zwischen der Form, die durch die Versteinerungen dokumentiert ist, und den heutigen Quastenflossern besteht praktisch kein Unterschied.

sich auf das Land zu bewegen. Die Entdeckung dieses «lebenden Fossils» führte jedoch in keiner Weise zu Zweifeln an der Evolutionstheorie. Man wich einfach aus und sagt jetzt, die heutigen Amphibien und die heutigen Quastenflosser hätten einen gemeinsamen Vorfahren gehabt, von dem die Quastenflosser und die Landwirbeltiere abstammen würden.[8] Die Fossilien des Quastenflossers zeigen jedoch, dass sich die früheren Quastenflosser von den heutigen praktisch nicht unterscheiden. Es fand also nicht einmal eine Mikroevolution statt, obwohl der Quastenflosser einst als Paradebeispiel für «Makroevolution» präsentiert wurde.

Die Metamorphose der Schmetterlinge

Im Gegensatz zu den meisten anderen Insekten durchlaufen die Schmetterlinge eine *vollständige Metamorphose* (Holometabolie): Ei, Raupe, Puppe/Kokon, Schmetterling. Die Holometabolie zeigt, dass von allem Anfang das Ziel bereits vorgegeben ist und dass alle Vorgänge auf dieses Ziel hin angelegt sind: die Entstehung eines Schmetterlings.[9]

Raupen häuten sich vier- bis fünfmal. Unter der Außenhaut bildet sich jeweils eine neue Haut, so dass die äußere aufgrund des wachsenden Körpervolumens von innen heraus gesprengt und abgestreift werden kann. Die Raupe ist ein ganz anderer Organismus als der Schmetterling, und sie ernährt sich auch ganz anders (von spezifischen Blättern, Blüten oder Früchten). Bei der letzten Häutung kommt nicht wieder eine Raupe hervor wie bei den drei bis vier Häutungen zuvor, sondern eine völlig neue Form: die Puppe. Zur Verpuppung fixiert sich die Raupe mit ihrem hinteren Ende an einem Zweig oder Ast, indem sie mit ihrer Spinndrüse eine feste Verankerung schafft. Dann zieht sie ihre Beine zurück, so dass sie kopfüber wie eine Frucht am Baum (oder wo auch immer) hängt. Bei bestimmten Arten hüllt sich die Raupe in eine Hülle aus Seidenfäden ein und wird zu einem Kokon.

Vor der letzten Häutung löst sich die Körperstruktur der Raupe *innerhalb der Raupenhaut* vollständig auf und verwandelt sich in eine Puppe. Die Raupe besteht weitgehend aus Zellverbänden, die nichts mit dem Schmetterlingskörper zu tun haben. Diese Raupenzellen werden Larvalzellen genannt. Nur einige rudimentäre Ansätze für die Organe des «Fertigprodukts» (Imago) sind vorhanden. Diese werden Imaginalzellen genannt. Die Larvalzellen werden in der Verpuppung aufgelöst. Die Raupe «verdaut» sich selbst (Histolyse), und die organischen Bausteine werden vollkommen neu zusammengesetzt. Die Imaginalzellen starten ebenfalls eine Entwicklung und werden harmonisch in die neu entstehende Körperstruktur eingefügt. Vom ursprünglichen Gewebe der Raupe bleiben nur einige wenige Prozent erhalten. In der Puppe entsteht ein völlig neues Wesen mit sechs Gliederbeinen, mit Fühlern, mit Geschlechtsorganen, mit einer ganz anderen Art von Verdauungstrakt und Mund, mit Riechorganen, die Pflanzendüfte über einen Kilometer Distanz wahrzunehmen vermögen, mit komplexen Facettenaugen, mit einem hochspezialisierten Minigehirn – und mit vier Flügeln!

Wenn sich in der Puppe aus der scheinbar strukturlosen Mixtur von organischen Substanzen der Schmetterling gebildet hat, sprengt er die schützende Hülle an vorgegebenen Nähten und drängt sich ins Freie. Dann pumpt er eine Art Blut in die Adern der Flügel, die dadurch geglättet und gestrafft werden. Danach vertrocknen die Adern und werden zu einem Teil der Flügelstruktur. Gleichzeitig muss der junge Schmetterling seinen langen Rüssel zu einem Saugrohr zu-

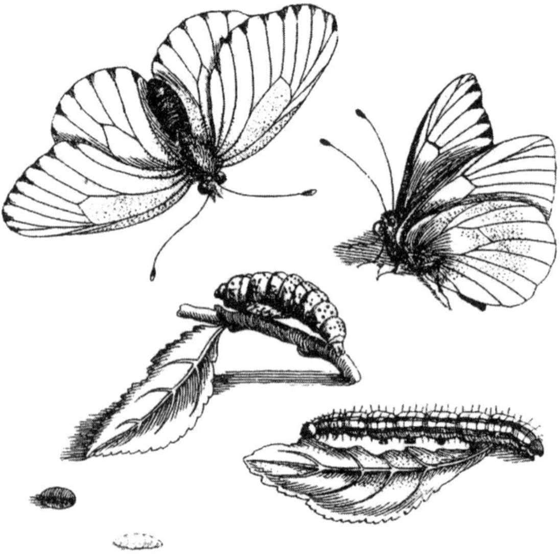

Schmetterlinge entstehen durch eine vollständige Metamorphose (Holometabolie). Alle Stadien der Metamorphose bedingen sich gegenseitig: Ei, Raupe, Puppe, Tier (Stamm: Gliederfüßer, Klasse: Insekten, Ordnung: Schmetterlinge).

sammenfügen, denn der Rüssel besteht nach dem Schlüpfen noch aus zwei flexiblen Halbröhrchen. Diese Arbeit führt der Schmetterling mit seinen vier Palpi («Tastern») aus, den zwei Labialpalpi (Lippentastern) und den zwei Maxillarpalpi (Unterkiefertastern). Erst wenn der Rüssel vollständig zusammengefügt ist, kann der Schmetterling zum ersten Mal Nahrung zu sich nehmen.

Ein Schmetterling kann nur entstehen, wenn alle Stadien der Metamorphose *vollständig durchlaufen* werden. Hier ist es offensichtlich, dass keine «evolutionären» Zwischenstufen möglich sind, etwa ein Schmetterling, der direkt aus einer Raupe entsteht, oder eine Raupe, die noch nicht fähig ist, sich zu häuten oder sich in eine Puppe zu verwandeln. Das Ei und die Raupe tragen bereits die vollständige Information zur Entstehung des Schmetterlings in sich. Bei der Verpuppung wird die Raupe aufgelöst, und es entsteht eine viel komplexere Körperstruktur. Dies wiederum ist nur möglich, wenn ein höheres Informationsfeld mit einer klaren Zielsetzung (hier: Entstehung eines Schmetterlings) vorhanden ist.

Mit anderen Worten, Schmetterlinge können sich nicht aus einfacheren Insekten entwickelt haben. Die ältesten Versteinerungen von Schmetterlingen zeigen dann auch genau das, was zu erwarten ist: vollständige Schmetterlinge und keine Vorstufen.

Fazit: Die Metamorphose der Schmetterlinge – die Entwicklung vom Ei zur Raupe zur Puppe zum Schmetterling – ist ein zusammenhängender Vorgang, in dem kein Detail fehlen darf. Beim Schmetterling sind keine Vorstufen vorstellbar, die realistisch zeigen könnten, wie einfachere Insekten über Makroevolution eine Fortpflanzung via Metamorphose entwickelten. Auch die ersten Schmetterlinge entstanden über eine *vollständige Metamorphose* (Holometabolie).

So wie jede Metamorphose – auch die von Libellen, Fröschen usw. – aus einer Linie von Zwischenstufen besteht, die allesamt perfekt aufeinander abgestimmt sind, müssten auch bei der Makroevolution alle Zwischenstufen evident sein, und sie müssten zahlreiche Fossilien hinterlassen haben. Wie aus dem nächsten Kapitel hervorgeht, dokumentieren die Fossilien jedoch keine Makroevolution. Die hypothetischen Zwischenstufen (z. B. «halbfertige» Fledermäuse) sind nicht einmal in der Theorie überlebensfähig, ganz zu schweigen vom Überleben in der Natur, wenn es solche Linien von Makroevolution denn gegeben hätte …

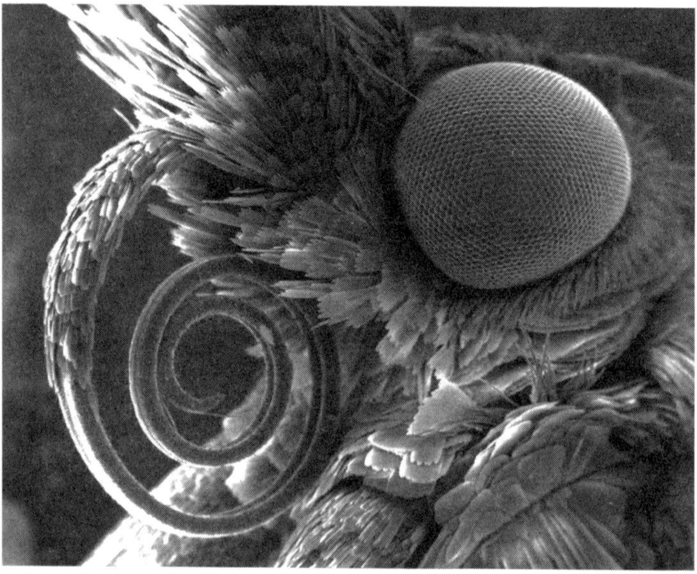

Kopf eines Schmetterlings (Aufnahme durch ein Rasterelektronenmikroskop): Die Mundwerkzeuge der Schmetterlinge sind im Vergleich zu anderen Insekten sehr spezialisiert. Bei den meisten Schmetterlingen bilden die Unterkiefer (Maxillen) zwei flexible Halbröhrchen, die über Falznähte verbunden sind und der Aufnahme von Nahrung (Blütennektar) dienen. Die Facettenaugen bestehen aus bis zu 6000 kleinen Einzelaugen (Ommatidien). Neben diesen haben viele Schmetterlingsarten zusätzlich ein Paar Einzelaugen (Ocellen), mit denen sie ihren Tag-Nacht-Rhythmus steuern.[10]

Kapitel 6

Die Fossilien zeigen keine Makroevolution

Eine wissenschaftliche Theorie muss bewiesen oder widerlegt werden können, sonst ist sie keine wissenschaftliche Theorie. Dies gilt auch für die Evolutionstheorie. Der bekannte englische Biologe W. Le Gros Clark schrieb hierzu:

> Dass Evolution wirklich *stattgefunden hat,* kann wissenschaftlich nur dann bewiesen werden, wenn die auf der Basis des indirekten Beweises vorausgesetzten Zwischenstufen in Form von Fossilien gefunden würden. Mit anderen Worten, der Paläontologe muss den entscheidenden Beweis für die Evolution erbringen, da es seine Aufgabe ist, die Aussagekraft der Fossilien zu untersuchen.[1]

Die Frage, ob eine Makroevolution tatsächlich stattgefunden hat, kann nur anhand der Fossilien beantwortet werden. Und es ist die Aufgabe der Paläontologen, die Fossilien zu beurteilen. Aber jedes Beurteilen ist immer eine Interpretation, die vom Weltbild des jeweiligen Paläontologen abhängig ist. Die Evolutionslinien, die wir in allen Lehrbüchern finden, sind Konstrukte gemäß den Vorgaben der Evolutionstheorie. Was aber zeigen die Fossilien, wenn wir sie unvoreingenommen betrachten?

Die kambrische Explosion

Die ältesten Fossilien stammen von Mikroorganismen (Bakterien, Einzeller) und werden auf ein Alter von 3,4 Milliarden Jahren geschätzt.[2] Gemäß der Evolutionstheorie blieb dieser Bestand von primitiven Mikroorganismen während rund 3 Milliarden Jahren relativ konstant. Dies veränderte sich jedoch mit dem Kambrium, dessen Beginn auf eine Zeit vor rund 540 Millionen Jahren angesetzt wird. Diese neue Phase der Erdgeschichte begann mit der sogenannten kambrischen Explosion, die auch als «Urknall der Evolution»[3] bezeichnet wird. Nachdem für drei Milliarden Jahre praktisch keine «Evolution» stattgefunden hatte, erschienen in dieser neuen Epoche weltweit alle heute existierenden Grundformen des Tierreiches: die gesamte Vielfalt der wirbellosen Tiere – Schwämme, Nesseltiere, Hohltiere (Quallen usw.), Ringelwürmer, Plattwürmer, Armfüßer, Gliederfüßer (Trilobiten, Krebse usw.), Weichtiere (Schnecken, Muscheln usw.), Stachelhäuter (Seeigel usw.) – und auch die ersten einfachen Formen von Wirbeltieren.

> Zu Beginn des Kambriums beginnt explosionsartig die weltweite Überlieferung einer großen Fülle vielzelliger Lebewesen mit unterschiedlichsten Bauplänen. Im darunter abgelagerten Präkambrium finden sich keine passenden Vorläufer, obwohl über 400 (mikro-)fossilführende Formationen bekannt sind. Nach evolutionstheoretischer Deutung liegen damit ca. 85% der Geschichte der Lebewesen fast völlig im Dunkeln.[4]

Ediacara-Fauna: Das rätselhafte Präkambrium

Das mikroorganische Leben während der hypothetischen drei Milliarden Jahre vor dem Kambrium («Präkambrium») ist rätselhaft, und dies aus drei Gründen: (1) Viele der gefundenen Mikroorganismen dieser Zeit sind von ihrem Körperbau her kaum von den heutigen Mikroorganismen zu unterscheiden – was bedeutet, dass hier keine Evolution stattgefunden hat. (2) In den präkambrischen Erdschichten lassen sich keine oder nur wenige Spuren von Vorläufern der im Kambrium erscheinenden Tiere finden. Bereits im Präkambrium existierten mehrzellige Tiere und Pflanzen, weshalb sich auch dort die Frage stellt, wie diese aus den einzelligen Organismen entstanden sein sollen. (3) In präkambrischen Erdschichten wurden Fossilien von Lebewesen gefunden, deren Körperstruktur völlig anders war als die der späteren Lebewesen. Sie waren bereits mehrere Zentimeter groß und höchstwahrscheinlich mehrzellig. Die sonderbaren Formen dieser «Ediacara-Fauna» (benannt nach der Fundstätte in den Ediacara-Hügeln in Südaustralien) stellten eine eigene Welt von komplexen Kleinlebewesen dar.*

Lange wurde geglaubt, in der Zeit vor dem Kambrium hätten nur Mikroorganismen und Einzeller existiert. Aufgrund der Ediacara-Fauna und anderer Funde geht man heute davon aus, dass auch schon im Präkambrium mehrzellige Lebewesen existierten. Dies verkürzt die Zeit für das hypothetische Entstehen von vielzelligen aus einzelligen Tieren drastisch. Weder in den kambrischen noch in den präkambrischen Schichten wurden Zwischenformen gefunden, und auch hier lässt sich der Übergang von der einen Grundform zur nächsten (von einzelligen zu vielzelligen Lebewesen) nicht einmal theoretisch nachzeichnen: Wie soll aus verschiedenen Linien von Einzellern durch Kopierfehler in der DNS-Teilung die Vielfalt von Pflanzen und Tieren (Trilobiten, Quallen, Muscheln, Krebse usw.) entstanden sein?

Fehlen die Übergangsformen, da sie nie existierten?

In den Schichten des späten Präkambriums und des frühen Kambriums finden wir zahlreiche Fossilien von einzelligen und vielzelligen Lebensformen, aber keine Übergangsformen. Eine naheliegende und logische Schlussfolgerung daraus wäre, dass solche Übergangsformen nie existiert haben. Aber die Evolutionstheoretiker erklären das Fehlen von Übergangsformen wie folgt: Der Übergang habe relativ schnell stattgefunden, vielleicht innerhalb von 10 bis 15 Millionen Jahren, was anscheinend zu kurz gewesen sei, um fossil doku-

* «Im Ediacarium, der jüngsten Formation im Präkambrium, treten erstmals Fossilien größerer und komplexerer Tiere auf (Ediacara-Fauna). Die Verwandtschaft dieser Formen zu den später lebenden Tieren ist unklar. [...] Sie wurden aber auch schon als riesenhafte Einzeller interpretiert, die ein eigenes, ausgestorbenes Reich neben Tieren, Pilzen und Pflanzen bildeten (sog. Vendobionten).»[5]

mentiert zu werden, und die Übergangsformen seien für eine Fossilierung ungeeignet gewesen.

> Wir sehen im frühen Kambrium nicht viele Beweise für Zwischenstufen, da die Zwischenstufen Weichtiere gewesen sein müssen und es somit höchst unwahrscheinlich ist, dass sie versteinert wurden.[6]

Die Aussage «nicht viele Beweise für Zwischenstufen» ist suggestiv, denn in Wirklichkeit wurden *keine* Zwischenformen gefunden. Und Weichtiere können sehr wohl fossile Spuren hinterlassen (es existieren sogar versteinerte Mikroorganismen aus dem frühen Präkambrium). Im Präkambrium müssen auch Tiere mit Hartteilen existiert haben, denn solche Tiere erscheinen im Kambrium in hoher Anzahl.

Hinzu kommt, dass die hypothetische Zeitspanne von 10 bis 15 Millionen Jahren sehr lange ist. In dieser Zeit hätten viele Organismen, darunter auch die angeblichen Übergangsformen, versteinert werden können, denn gerade in dieser Zeit hätte es von solchen Zwischenformen nur so wimmeln müssen. Die Tatsache, dass keine Vorläufer der gesamten kambrischen Vielfalt bekannt sind, liegt nicht etwa an mangelnden Fossilfunden, denn an mehr als 400 Stellen der Erde wurden versteinerte präkambrische Lebewesen gefunden, insbesondere die erwähnte Ediacara-Fauna.

Das Erscheinen der Fische

Die Fische waren die ersten Vertreter des Stammes der Wirbeltiere. Mit rund 32 500 bekannten Arten machen die Fische mehr als die Hälfte aller lebenden Wirbeltierarten aus. «Die verschiedenen Kategorien von ausgestorbenen und heute lebenden Fischen – z. B. Haie, Lungenfische, Quastenflosser (Hohlstachler), Strahlenflosser, Stachelhaie (Acanthodii) und Panzerfische (Placodermi) – sind untereinander so verschieden wie Säugetiere und Vögel.»[7]

Als erste Fische gelten einfache Chordatiere, d. h. Tiere, die eine weiche, nicht knöcherne Mittelachse (Chorda dorsalis) hatten. Der Darwinismus rätselt, von welchen Tieren diese ersten Fische abstammen könnten. Als einzige mögliche Vorfahren kommen die frühen Craniaten, d.h. Chordatiere, die einen knorpelartigen Schädel hatten, in Frage: «Ausgehend von ihren uralten Vorfahren, den Craniaten, fand die Evolution hin zu den Fischen nicht nur einmal, in einer einzigen Abstammungslinie, statt, sondern mehrfach, wodurch zahlreiche biologische Nischen gefüllt wurden.»[8]

Wie bereits erwähnt, erschienen in der kambrischen Explosion auch die ersten einfachen Wirbeltiere. Von wem diese abstammen, ist unklar. Über die (hypothetische) Abstammung der Fische wird Folgendes spekuliert:

> Die Evolution der Fische ging möglicherweise von einem Tier aus, das mit der heutigen korallenartigen Seescheide zu vergleichen ist. Ihre Larven sehen in wichtigen Punkten wie primitive Fische aus. Es könnte sein, dass die ersten Fischvorfahren die Larvenform bis ins ausgewachsene Alter behielten […].[9]

Die Seescheide ist ein festgewachsenes (sessiles) Manteltier, doch die Larven sind frei schwimmend, und sie weisen Merkmale von Chordatieren auf, die dann im weiteren Wachstum verschwinden.

> Er [der Fischvorfahre] sah vielleicht ähnlich wie die Larve einer Seescheide aus. Aber […] heute erscheint es als wahrscheinlich, dass die erwachsene Seescheide erst später entstand, so wie Darwin das vermutete. Darwin nahm stillschweigend an, dass die ausgewachsene Form dieser entfernten Spezies wie eine Kaulquappe aussah. Ein Zweig ihrer Nachkommen blieb kaulquappenförmig und wurde zu Fischen. Der andere Zweig wurde «sesshaft», ließ sich am Meeresgrund nieder und wurde ein standortgebundenes filtrierendes Tier. Die vormalige Erwachsenenform behielt die Seescheide nur im Larvenstadium bei.[10]

Die vielen Formulierungen mit «könnte», «vielleicht» und «wahrscheinlich» verraten, dass die Frage nach dem Ursprung der Fische – und damit auch die Frage nach dem Ursprung der Wirbeltiere – nicht geklärt ist. Die darwinistischen Thesen erfordern erstaunliche Spekulationen mit einem unerschütterlichen Glauben, dass das Unwahrscheinliche vielleicht doch wahrscheinlich ist, hier: dass ein hypothetisches kaulquappenförmiges Tierchen der Vorfahre der Fische gewesen sei, indem es extreme Mutationen durchlief und in der einen Mutationslinie zu Fischen, in der anderen zu einem sessilen Manteltier wurde …

Gliederfüßer und Insekten

Fossile Gliederfüßer und Insekten erscheinen in den Schichten des Devons und Karbons. Berühmt sind die Riesenlibellen mit einer Flügelspannweite bis zu 100 cm und die großen Kakerlaken von 10 cm Länge. Fliegende Insekten, nichtfliegende Insekten, Spinnen, Tausendfüßer – alle erscheinen in klar voneinander abgegrenzten Formen, ohne Spuren irgendwelcher Vorstufen. Diese Tiere hatten bei ihrem Erscheinen bereits die Körperstruktur, die sie auch heute haben. Alle Veränderungen, z. B. in der Größe, erfolgten nur innerhalb der jeweiligen Arten und Gattungen, und das Offensichtliche ist auch hier das Naheliegendste: Eine Verwandlung von mehrzelligen Kleinlebewesen in Gliederfüßer und Insekten hat nie stattgefunden.

Stammen die Wale von Huftieren ab?

Gemäß der Evolutionstheorie stammt die gesamte Vielfalt der Säugetiere von primitiven ersten Säugetieren ab, die so groß wie Ratten waren.[11] Nun stellt sich aber das «Problem», dass die größten Säugetiere *im Meer* leben: die Blauwale und die Pottwale. Evolutionstheoriker kombinieren deshalb, dass die Cetacea* von Säugetieren des Festlands abstammen: Diese

* Die Wale (Cetacea) stellen eine klar abgegrenzte Ordnung von Säugetieren dar, die rund 80 Arten umfasst, die alle im Wasser leben. Die Cetacea sind in zwei Unterordnungen aufgeteilt: die Bartenwale (Mysticeti) und die Zahnwale (Odontoceti). Zu den Zahnwalen gehören auch die Delfine, die mit rund 40 Arten die größte Familie der Cetacea darstellen.

hätten sich langsam ins Meer begeben und seien über viele Zwischenstufen hinweg zu Walen geworden. «Den Übergang zum Wasserleben vollzog diese Säugergruppe vor etwa 50 Millionen Jahren im frühen Eozän. Wale sind eng verwandt mit den Paarhufern (Artiodactyla)»,[12] also mit Kühen, Schweinen und Büffeln.

Fossilien urzeitlicher Wale erscheinen wie aus dem Nichts in den frühen Schichten des Tertiärs, und zwar in ihrer ganz spezialisierten Lebensform. «In der Tat sind Wale noch isolierter in ihrer Verbindung zu anderen Säugetieren als die Fledermäuse; sie stehen eigentlich alleine da.»[13] Heute wird die Stellung der Wale nicht mehr als isoliert gesehen, weil Fossilien von Landtieren gefunden wurden, die gemäß der Evolutionstheorie als Vorfahren der Wale bezeichnet werden.

Die darwinistische Konstruktion des Walstammbaumes: 1978 entdeckte der Paläontologe Philip Gingerich in Pakistan den hinteren Teil eines Schädels, der einem wolfähnlichen Tier gehörte. Der Knochenteil des Innenohrs hatte eine strukturelle Form, die sonst nur bei Walen zu finden ist. Die Interpretation lautete deshalb, hier handle es sich um eines der Landtiere, von denen die Wale abstammen: «ein räuberischer Aasfresser, der an den Ufern eines Urmeeres lebte». Als Hoffnungsträger für die Evolutionstheorie wurde dieses wolf- oder hyänenähnliche Säugetier auf den Namen *Pakicetus* getauft: «Cetacea-Vorfahre aus Pakistan».[14]

Sehr bald folgte die Entdeckung weiterer Fossilien, die ebenfalls in den Stammbaum der Walvorfahren eingereiht wurden. Eine Übersicht über diesen (angeblichen) Stammbaum veröffentlichte *bild der wissenschaft* in der Ausgabe 7/2009. Titel: «Wal-Verwandtschaften.» Fazit: «Die größten Bewohner der Weltmeere stammen von kleinen Huftieren ab.»

Am Anfang steht das Skelett eines kleinen Säugetiers genannt *Indohyus* («Indisches Hirschferkel»), das vom Paläontologen Hans Thewissen untersucht und beschrieben wurde. Dieses Tier war «fuchsgroß […], lebte vor etwa 48 Millionen

Die angeblichen Vorfahren der heutigen Wale

«Die größten Bewohner der Weltmeere stammen von kleinen Huftieren ab.» Gemeint ist dieses Tier: der Indohyus, eine ausgestorbene Gattung der Paarhufer. Der Indohyus ernährte sich von Pflanzen, hatte die Größe eines Fuchses oder Waschbären und glich den heutigen Hirschferkeln, auch Zwergböcklein genannt, die kaum größer als Hasen sind.

Der Indohyus soll durch «Evolution» zum Pakicetus geworden sein: ein fleischfressendes Säugetier von der Größe eines Wolfes. Diese beiden sehr unterschiedlichen Tiere hatten eine bestimmte Gehörknochenstruktur, die an jene der Wale erinnert. Ähnliche Merkmale sind aber kein Beweis für Abstammung, vor allem wenn alle anderen Kriterien dagegen sprechen.

Gemäß der heutigen Lehrmeinung ging aus einer Mutationslinie des Pakicetus der hier abgebildete amphibische Fleischfresser von 3 m Länge hervor. «Amphibisch» bedeutet, dass dieses Säugetier an Land lebte, aber auch im Wasser zu Hause war. Es war ein guter Schwimmer, so wie auch einige heutige landlebende Säugetiere gute Schwimmer sind (z. B. Eisbären, Tiger, Jaguare, Biber). Dieses Tier wird aus darwinistischer Sicht als ein Vorfahr der Wale bezeichnet (Ambulocetus natans, «der gehende Wal, der schwimmen kann»), eine Sicht, die auch die zeichnerische Umsetzung beeinflusst.

Jahren und sah aus wie ein kleiner Hirsch ohne Geweih, aber mit langem Schwanz. Es soll ein Abkömmling des letzten an Land lebenden Vorfahren sein, der noch nicht ganz Wal war, aber doch in der Evolution schon den Weg zum Wal angetreten hatte.»

Das nächste Fossil ist der bereits erwähnte Pakicetus, ein «Skelett, das überhaupt nicht wie das eines Wales aussieht. Pakicetus gleicht mit seiner Körpergröße, den vier langen Beinen, dem Schwanz und der Schnauze mit scharfen Zähnen eher einem Wolf.»

Fossil Nummer 3 ist ein Raubtier mit einer großen Schnauze voller Zähne und einem langen Schwanz (Länge inkl. Schwanz rund 3 m). Die Evolutionstheoretiker tauften es *Ambulocetus natans*, «der gehende Wal, der auch schwimmen kann». Das fast vollständige Skelett dieses Tieres wurde ebenfalls von Hans Thewissen entdeckt (1992 in Pakistan). Das sind die «Wal-Verwandtschaften», die im genannten Artikel vorgestellt wurden.

Betrachten wir Ambulocetus natans näher:

> Jüngste Fossilfunde schließen große Lücken im Wissen über die Evolution der Wale. Der «Archaeopterix des Meeres» belegt, wie aus Vorfahren heutiger Huftiere binnen sechzig Millionen Jahren elegante Meeressäuger wurden. [...] Dieser amphibische Wal hatte etwa die Größe eines Seelöwen [... und] komplette Vorder- und Hinterbeine mit allem, was dazugehört: Ellbogen und Kniebeugen, Hand- und Fußwurzelknochen sowie Finger und Zehen.[15]

Anfang 1994 wurden ebenfalls in Pakistan fossile Reste eines 3 m langen Meeressäugers («Rodhocetus») gefunden. Rodhocetus war «der erste ‹richtige› Wal», und er war «hochseetüchtig».[16] Dieses Tier hatte Vorder- und Hinterbeine mit Schwimmhäuten zwischen den Fingern und Zehen, ähnlich wie wir dies heute beim Schnabeltier sehen. Es wird auch angenommen, dass es ein Fell hatte und keine Schwartenhaut wie Wale.[17] Rodhocetus sah also eher wie ein Verwandter der heutigen Seelöwen aus.

Knochen eines echten archaischen Wals wurden im Zeuglodon Valley («Tal der Wale») in der ägyptischen Sahara gefunden.[18] Hier handelt es sich um den 15–20 m langen *Basilosaurus*, der zusätzlich zu den Brustflossen auch kleine Hinterflossen hatte, die Teil des Skelettes waren. Gemäß der Evolutionstheorie sind dies die Reste der Hinterbeine der Landsäuger, «die letzten noch funktionierenden Hintergliedmaßen der Urwale».[19] Diese angeblichen Reste hatten aber eine überlebenswichtige Funktion bei der Paarung (siehe Kastentext auf S. 80). Ohne ihre Hintergliedmaßen hätten sich Basilosaurus-Männchen und -Weibchen nicht paaren können.

> Langsam entwickelten sich aus plumpen Huftieren perfekt an das Wasser angepasste Hochleistungsschwimmer in Fischgestalt [...] Aus den Funden ergibt sich [...] ein klassisches Szenario von schrittweiser Reduktion unter Wandel der Funktion. Sie stützen die darwinistische Sichtweise kleiner Veränderungen durch zufällige genetische Mutation sowie deren Auslese durch die Umwelt.[20]

Wie die Theorie die Interpretation bestimmt: Blauwale sind die größten Tiere der Welt. Sie sind auch größer als jeder Saurier, der jemals auf der Erde lebte. Sie werden bis zu 33 m lang und sind rund 200 t schwer. Diese Riesentiere sollen von ausgestorbenen Mini-Paarhufern abstammen, die so groß wie ein Fuchs oder Waschbär waren und – als hirschartige Tierchen – vegetarisch lebten; diese seien zu wolfähnlichen Tieren geworden, die Fleisch fraßen und am Meeresstrand lebten; dadurch seien sie durch fortlaufende Mutationen immer wassertauglicher geworden: Die Beine wurden zu Flossen, der haarige Knochenschwanz zu einer knochenlosen Schwanzflosse, das Fell zu einer vielschichtigen Schwartenhaut; die Nasenlöcher vorne an der Schnauze wanderten langsam Richtung Stirn und Schädeldecke und verschmolzen zu einem Blasloch, mitsamt der totalen Umstrukturierung der Atemwege, usw.

Gemäß diesem Szenario veränderte sich auch das Gebiss vollständig: Fleischfressende Säugetiere haben rund 40 Zähne, unterteilt in Schneidezähne, Eckzähne und Backenzähne. Die Zähne der Zahnwale (Odontoceti) sind jedoch ganz anders

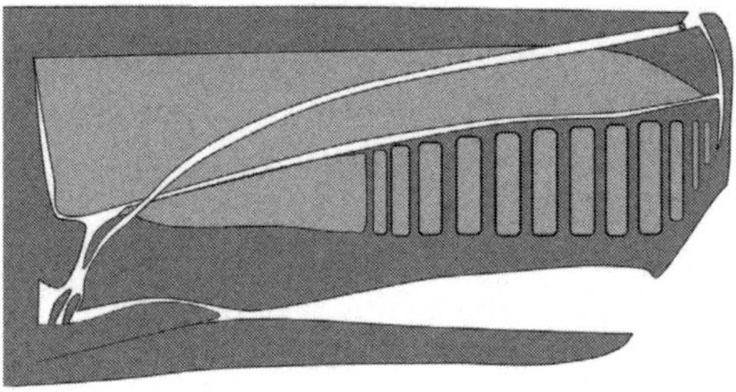

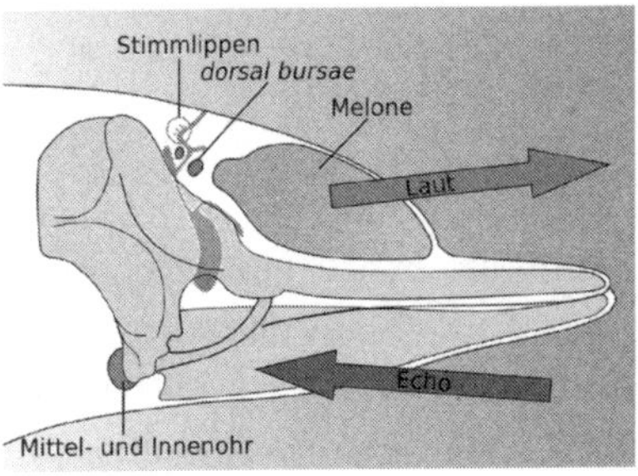

Oben: Das große Walrat-Organ (hellgrau) im Kopf des Pottwals mit heute noch nicht geklärter Funktion.

Unten: Das Melone-Organ der Zahnwale, hier am Beispiel eines Delfins. Dieses Organ dient der Echolot-Orientierung.

All diese lebensnotwendigen Organe sind gemäß der Evolutionstheorie durch zufällige Genmutationen bei «Noch-nicht-Walen» entstanden.

geartet. Sie sind stift- oder keilförmig und unterteilen sich nicht in Schneide-, Eck- und Backenzähne. Ein Tümmler hat 300 solcher Zähne! Bei den Bartenwalen (Mysticeti) kann man nicht einmal von einem Gebiss sprechen, denn diese Meeressäuger haben Barten. Wie soll es möglich gewesen sein, dass sich wolfartige Zähne derart verwandelten? Durch zufällige Veränderungen der Proteinverhältnisse im Kiefer der Delfine und Wale! Hans Thewissen kommentiert: «Das ist ein schönes Beispiel dafür, wie eine kleine Änderung im Entwicklungsstadium eine große Wirkung in der Evolution hat.»[21]

Welche «kleine Änderung» führte zur Entstehung des Walrat-Organs im Kopf der Pottwale? Dieses Organ, auch Sperma-

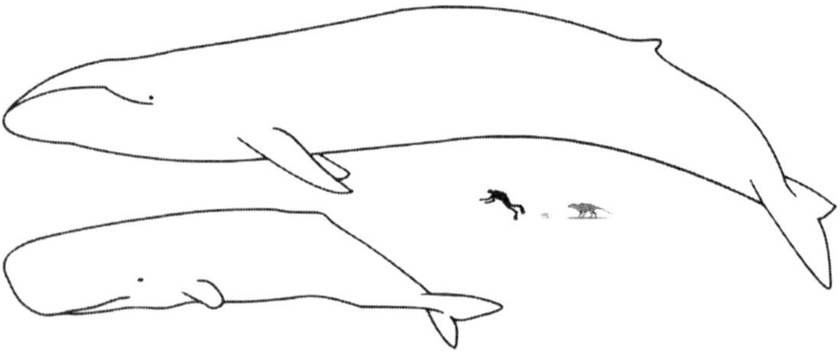

Größenvergleich Mensch zu Pottwal (18 m) und Blauwal (33 m). Rechts neben dem Menschen der Indohyus und Pakicetus, die angeblichen Vorfahren der Wale.

ceti-Organ genannt, produziert eine wachsähnliche Substanz. Die Kopfhöhlen eines Pottwals enthalten bis zu drei Tonnen dieser Substanz. Die Bedeutung dieses riesigen Organs ist unklar. Man nimmt an, dass das Walrat-Organ, ähnlich wie die Melone bei den Zahnwalen, der Klangerzeugung und der Echolot-Orientierung dient.

Betrachten wir nochmals den Indohyus, den Pakicetus und den Ambulocetus. Hier wurden drei unterschiedliche Säugetiertypen zu Vorfahren der Wale «erkoren», weil die Evolutionstheorie derartige Vorfahren verlangt:

> Indohyus hatte etwa die Größe eines Waschbären und ähnelt am meisten dem Afrikanischen Hirschferkel. [...] Der verdickte Ohrknochen ist das wichtigste Merkmal, das für die direkte Abstammung der Wale vom Indohyus spricht, denn dieses Merkmal findet sich ausschließlich bei Walen.[22]

> Die Anordnung der Höcker der Molaren, der Bau des Ohres und der Schädelhöhle lassen [beim Pakicetus] bereits eindeutig die Zugehörigkeit zu den Walen erkennen.[23]

Die angebliche Makroevolution vom Indohyus zum Pakicetus und von diesem zu den Walen und Delfinen hätte bedeutet, dass der Körper der Landsäugetiere vollständig umgeformt wurde. Dabei sei aber eine einzelne Knochenstruktur im Schädel zufällig gleich geblieben! Alles wurde umgeformt, aber dieses eine Detail blieb durch alle Wandlungen hindurch gleich, so dass wir in den heutigen Walen immer noch dasselbe Merkmal finden, das auch der kleine Indohyus schon hatte. Evolutionstheoretiker sind bereit, an eine Allmacht des Zufalls zu glauben, die sogar ein kleines Hirschtierchen in einen Wal umgestalten kann. Wäre es hier nicht naheliegender, dass das besagte Detail ein konvergentes Merkmal ist, das «zufällig» sowohl bei unterschiedlichen Landsäugetieren und auch bei den Walen zu finden ist? Diese Körpergestaltung, die ganz bestimmt einem lebensnotwendigen Zweck diente, ist bei diesen unterschiedlichen Tieren ähnlich, aber nicht identisch. Die Ähnlichkeit in diesem einen Detail wäre dann kein Beweis für Abstammung, sondern eine anatomische Parallele in ansonsten kategorisch verschiedenen Tieren.

Am Anfang eine viel größere Vielfalt als heute

Eine unvoreingenommene Betrachtung der urzeitlichen Wale zeigt eine Situation, die der Evolutionstheorie widerspricht. Am Anfang waren nicht primitive Wale, die sich langsam weiterentwickelten, wodurch eine immer größere Vielfalt ent-

Der urzeitliche *Leviathan melvillei,* einer der ausgestorbenen Vorfahren der heutigen Wale. Er hatte ungefähr die Größe eines Pottwals, war aber ein Raubwal, der wahrscheinlich kleinere Wale jagte.

Hat der Wal Rudimente von Hinterbeinen?

Bei allen Walen sind die letzten zwei bis drei Rippenpaare nicht mit dem Brustbein verbunden. Sie liegen frei im Brustkorb und werden «Fleischrippen» genannt. Bei den Bartenwalen liegen alle Rippen mit Ausnahme des ersten Paares frei. Ein ebenfalls freiliegender Knochen befindet sich bei den Walen unterhalb der Stelle, wo die Schwanzwirbel beginnen. Dieser Chevronknochen (Sparrknochen) dient der Fixierung der Muskulatur und der Geschlechtsorgane. «Selbst die rudimentären Becken der modernen Wale dienen mittelbar immer noch der Begattung. Denn dort setzen die Muskeln der Geschlechtsorgane an, beim männlichen Wal vor allem die Rückziehmuskeln des [2 m] langen, ausstülpbaren Penis. [...] Aufgrund der tief in der Körpermasse eingebetteten Geschlechtsorgane ist die Kopulation der Großwale eine langwierige Zeremonie, bei der sich beispielsweise Buckelwale mit ihren Vorderflossen umfassen und senkrecht zur Meeresoberfläche emporstemmen.»[24]

Obwohl der Chevronknochen der Wale eine klare Funktion hat, wird er von Evolutionstheoretikern als «Rudiment von Hinterbeinen» bezeichnet. Dies ist ein weiterer der vielen darwinistischen Zirkelschlüsse (S. 9f.): Man nimmt die Postulate der Evolutionstheorie als Fakt, projiziert diese Annahmen auf den Chevronknochen der Wale und deklariert, dieser Knochen sei eine rudimentäre Struktur (= Reste von Hinterbeinen), und dieser «Fakt» sei ein Beweis für die Evolutionstheorie.

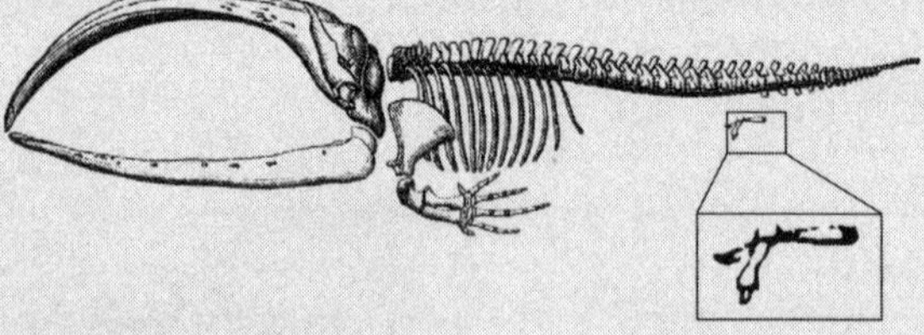

> «Die rudimentär erscheinenden Becken- und Oberschenkelknochen der Wale [...] stehen mit der Aftermuskulatur und mit den Geschlechtsorganen in Verbindung; sie weisen dementsprechend meistens einen Sexualdimorphismus auf [unterschiedliche Ausformung bei Männchen und Weibchen] – ein deutlicher Hinweis gegen eine Funktionslosigkeit.»[25]

Wenn beim Chevronknochen der Wale von rudimentären Beinen oder Beckenknochen gesprochen wird, ist dies also eine fragwürdige Interpretation. Die vielfach postulierte Funktionslosigkeit dieser «rudimentären» Strukturen entspricht nicht den biologischen Tatsachen.

stand. Das Gegenteil ist der Fall. Dies wurde deutlich, als im November 2008 in der Pisco-Ica-Wüste im Süden von Peru eine sensationelle Entdeckung gemacht wurde: ein zu drei Vierteln vollständiger Walschädel mit großen Fragmenten des Ober- und Unterkiefers und mehreren Zähnen, Länge des Schädels rund 3 m, Körperlänge ca. 18 m. Dies entspricht annähernd der Größe der heutigen Pottwale.

Gefunden wurde das Fossil in einer Gesteinsschicht des mittleren Miozän, weshalb man ihm ein Alter von 12 bis 13 Millionen Jahren zuschreibt. Die Entdecker gaben diesem Urwal den Namen *Leviathan melvillei,* eine Verbindung des biblischen Meermonsters Leviathan und des Namens Herman Melville, Autor des Romans *Moby Dick.*

Auch dieser ausgestorbene Wal hatte ein Walrat-Organ.[26] Im Gegensatz zu den Pottwalen, die nur im Unterkiefer Zähne haben (sie fangen ihre Beutetiere in großer Tiefe durch eine Saugwirkung), hatte dieser ausgestorbene Raubwal oben und unten Zähne, ähnlich wie die heutigen Orcas. Die größten Zähne waren 40 bis 45 cm lang!

> Der Wirbeltierpaläontologe Lawrence Barnes vom Naturhistorischen Museum Los Angeles sagt, diese Entdeckung zeige, dass pottwalähnliche Cetacea in der Vergangenheit in einer viel größeren Vielfalt existierten und dass die modernen Pottwale und Zwergpottwale «die einzigen überlebenden Reste einer viel größeren evolutionären Radiation von verwandten Walen in der Vergangenheit» sind.[27]

Die Fossilien zeigen, dass die Pottwale in der Vergangenheit «in viel größerer Vielfalt» existierten als heute. Und wie die Fossilien ebenfalls zeigen, erschienen diese wundersamen Tiere von Anfang an in der ausgeprägten Form der jeweiligen Art. Dies ist ein weiteres Beispiel dafür, dass die ursprünglichen Arten ein Genom mit praktisch unendlicher Variabilität hatten und dass durch die natürliche Selektion einzelne Linien herausgefiltert werden. Am Anfang finden wir in jeder Art und Gattung die komplexeste Geninformation, und die «Weiterentwicklung» bedeutet eine Verringerung der Variabilität (S. 51), weshalb im obigen Zitat gesagt wurde, dass die modernen Pottwale und Zwergpottwale «die einzigen überlebenden Reste einer viel größeren evolutionären Radiation von verwandten Walen in der Vergangenheit» sind.

Fazit: Die Vielfalt der Walarten war in vergangenen Zeitaltern beträchtlich größer als heute. Bekannt sind z. B. der 18 m lange Pottwal *Leviathan melvillei* und der 20 m lange Basilosaurus, um nur zwei der vielen Urformen der Wale zu nennen. Einige starben aus, andere entwickelten sich durch Variation und Adaption zu den heutigen Walen, was jedoch nicht «Evolution», sondern gerade das Gegenteil darstellt: Herausfilterung einzelner Abstammungslinien mit der damit verbundenen Verringerung der genetischen Variabilität.

Wenn die Evolutionstheorie stimmen würde, wären am Anfang einer neuen Art immer nur vereinzelte Exemplare vorhanden gewesen, denn die Wahrscheinlichkeit, dass aus andersgearteten Vorgängern durch zufällige Mutationen auch nur ein einziges Exemplar einer neuen Art hervorgeht, ist verschwindend klein. Die Situation ist in Wirklichkeit dann auch gerade umgekehrt: Am Anfang existierte jede Gattung/Art in ihrer größten Vielfalt, alle mit den typischen Merkmalen der entsprechenden Klasse, Ordnung und Familie. Es wird geschätzt, dass mehr als 99% aller Arten, die jemals auf der Erde gelebt haben, ausgestorben sind. Die Pflanzen und Tiere der heutigen Zeit entsprechen gesamthaft also weniger als *einem Prozent* der Vielfalt von Arten, die im Verlauf der langen biotischen Zeit über die Erde hinweggegangen sind. Und nirgendwo sind Übergangsformen zu finden.

Was im Titel dieses Kapitels gesagt wird, entspricht also den Tatsachen: Die Fossilien bestätigen die Evolutionstheorie nicht. Wenn gewisse fossile Tier- und Pflanzenarten als «Übergangsformen» bezeichnet werden, sind dies immer darwinistische Interpretationen. Trotz aller sporadischen Verkündungen wurde weltweit in allen Fossilien keine einzige echte Übergangsform gefunden.

Kapitel 7

Genetische Verwandtschaft von Affen und Menschen?

Wie in Kapitel 6 dargelegt wurde, sind die Fossilien kein Beweis für die Evolutionstheorie. Dennoch werden sie heute in allen Schulbüchern als solche präsentiert. «Fossilien, Meilensteine der Evolution», «Fossilien, Fenster zur Evolution», so oder ähnlich lauten die Formulierungen in Buchtiteln und Biologielehrbüchern. Auch Charles Darwin war sich der entscheidenden Bedeutung der Fossilien bewusst. In seinem Buch *Über die Entstehung der Arten* schrieb er:

> Wenn die Arten durch unmerkliche Übergänge aus anderen Arten entstanden sind, warum finden wir dann nicht überall Übergangsformen? Warum besteht dann nicht in der Natur ein wirres Durcheinander von Formen, anstatt dass die Arten, wie wir sehen, wohl abgegrenzt sind? [...] Da aber nach dieser Theorie unzählige Übergangsformen existiert haben müssen, warum finden wir dann nicht eine Menge solcher in den Schichten der Erdrinde eingebettet? [...] Gilt meine Theorie nicht für eine, sondern für alle Zeiten [Erdzeitalter], so müssen einmal zahlreiche Übergangsvarietäten gelebt haben, die alle Arten einer Gruppe eng miteinander verknüpfen. Aber die natürliche Zuchtwahl [Selektion] strebt, wie schon sehr oft betont wurde, immer danach, sowohl die Stammform als auch die Zwischenglieder auszutilgen. Der Beweis ihrer früheren Existenz kann daher höchstens durch fossile Überreste erbracht werden, aber diese sind, wie ich später zeigen werde, nur in sehr unvollkommenem und unzusammenhängendem Zustand erhalten geblieben.[1]

Darwin ahnte offensichtlich, dass es schwierig sein würde, Versteinerungen von Übergangsformen zu finden, weshalb er vorab schon vorsichtshalber betonte, die vorhandenen Fossilien seien immer nur lückenhaft und unvollständig. Damit wollte er sagen: Wenn man keine «Übergangsvarietäten» finden werde, solle man nicht daraus schließen, dass es diese nicht gegeben habe ...

Nichtexistente Übergangsformen – auch bei den Primaten

> Wenn wir auf das Beweismaterial zurückblicken, stellen wir fest, dass bei jedem größeren Schritt so gut wie keine Fossilien zu finden sind, die imstande wären, die Behauptung zu erhärten, dass neue Formen durch die allmähliche Akkumulation geringfügiger Veränderungen entstanden. Die ersten Eier, die wir kennen, sind voll entwickelt, ebenso die Federn. [...] Die Entstehung der Insekten ist ein einziges Geheimnis, ebenso die Entstehung der Blütenpflanzen. [...] «Das Fehlen der Übergangsformen ist ein beinahe universelles Phänomen.» Das gilt für die Wirbellosen wie für die Wirbeltiere und ebenso für die Pflanzen. [...] Die Nagetiere treten plötzlich auf und haben bereits ihre spezialisierten Nagezähne.[2]

Die Paläontologie der letzten Jahrzehnte hat zwar zahlreiche neue Fossilien zu Tage gefördert, doch die Fragen anhand der immer besser dokumentierten Vielfalt und Komplexität der Lebewesen wurden nicht weniger, sondern mehr. Rätselhaft ist und blieb auch das Erscheinen der Primaten, der angeblichen Vorfahren der Menschen. Gemäß der Evolutionstheorie «müssen» sie von anderen Tieren abstammen, und so werden hypothetische Stammbäume konstruiert, doch dies ist sogar für Forscher mit darwinistischer Phantasie schwierig. Im Standardlehrbuch *Primate Adaptation and Evolution* (2013) werden diese Schwierigkeiten offen zugegeben:

> Je mehr unser Wissen über die phylogenetische, adaptive und biogeographische Vielfalt der Primaten im Eozän zugenommen hat, desto verworrener wurde die Frage nach dem Ursprung der Ordnung der Primaten. Ebenso wurde es schwieriger, den Ursprung mit irgendwelcher Gewissheit zu rekonstruieren, da verschiedene Quellen von Indizien zu sehr unterschiedlichen Antworten führen. [...] Die Primaten erschienen im frühen Eozän in Asien, Europa und Nordamerika, und sie traten scheinbar wie aus dem Nichts auf.[3]

«Im Kontrast zu diesem abrupten Erscheinen von Primaten im Fossilienbestand des frühen Eozän»[4] führen Hochrechnungen über die sogenannte molekulare Uhr (S. 106f.) zur Annahme, dass sich die beiden Hauptgruppen der Primaten – die Feuchtnasenaffen und die Trockennasenaffen – irgendwann vor 80 bis 90 Millionen Jahren (in der späten Kreidezeit) getrennt haben. Das frühe Eozän wird einer Zeit vor 55 Millionen Jahren zugeordnet. «Wenn die geschätzte Kluft von mehr als 25 Millionen Jahren, die zwischen dem eigentlichen Ursprung der modernen Primaten und ihrem ersten Erscheinen im Fossilienbestand liegt, der Realität entspricht, ist es schwierig, sich vorzustellen, wie die fehlenden Glieder unserer frühen Geschichte ausgesehen haben mögen und welche Beziehung die Fossilien aus dem frühen Eozän tatsächlich zum Ursprung der Primaten haben.»[5]

Wie bei allen großen Tierkategorien weisen auch bei den Primaten bereits die ältesten Fossilien klare Ordnungs-, Familien- und Gattungsmerkmale auf. Die Fossilien zeigen also keinen gemeinsamen Vorfahren, doch die darwinistische «Logik» glaubt, dass diese Diskrepanz zu lösen sei, wenn man einfach 25 bis 35 Millionen Jahre draufgebe: dann komme man zu jenen Nichtprimaten, die über viele Millionen Jahre hinweg zur hypothetischen ersten Primatenart mutiert seien. Und von diesen primitiven Urprimaten sei im Lauf vieler weiterer Millionen von Jahren die gesamte Vielfalt der Primaten hervorgegangen …

Die Vielfalt der Primaten

Der Begriff «Primaten» wurde vom Naturforscher Carl von Linné (1707 - 1778) geprägt und stammt vom lateinischen *primus* («der Erste; der auf Rang 1 Platzierte»), weil diese große biologische Kategorie den Menschen als «Krone der Schöpfung» miteinschließt. Die Primaten werden auch «Herrentiere» genannt. Beide Begriffe sind problematisch und bereits interpretierend, der eine auf biblischer, der andere auf darwinistischer Grundlage.

In der klassischen Unterteilung wurde zwischen Halbaffen (Prosimiae) und «echten» Affen (Simiae) unterschieden. Heute werden die Primaten in zwei Unterordnungen klassifiziert: die Feuchtnasenaffen (Strepsirrhini) und die Trockennasen-

Die Vielfalt der Primaten («Herrentiere»)

Klasse: Säugetiere
Ordnung: Primaten (umfassen insgesamt über 400 Arten)

Halbaffen (Prosimiae) = Feuchtnasenaffen:

- **Lemuren:** Indriartige, Gewöhnliche Makis, Wieselmakis, Katzenmakis inkl. Mausmakis (mit Arten von 30 - 100 gr. Körpergewicht die kleinsten Primaten)
- **Loriartige:** Galagos und Loris (Schlankloris, Plumploris, Bärenmakis, Pottos)
- **Fingertier (Aye-Aye)**

Echte Affen (Simiae) = Trockennasenaffen*:

- **Neuweltaffen** (Breitnasenaffen): Krallenaffen, Kapuzinerartige, Nachtaffen, Klammerschwanzaffen, Sakiaffen
- **Altweltaffen** (Schmalnasenaffen):

  Geschwänzte Altweltaffen (Meerkatzenverwandte; Hundsaffen): Meerkatzenartige, Pavianartige, Schlank- und Stummelaffen

  Hominoiden («Menschenartige»): Gibbons als Kleine Menschenaffen / Orang-Utans, Gorillas, Schimpansen als Große Menschenaffen (Hominiden)

---

* inkl. Koboldmakis als Familie der Halbaffen.

Zwergmausmaki. Zur Gattung der Mausmakis gehören die kleinsten Primaten.

Die Gorillas sind die Gattung der größten Primaten.

affen (Haplorrhini). Die Feuchtnasenaffen entsprechen den Halbaffen und die Trockennasenaffen den echten Affen. Die einzige Ausnahme sind die Koboldmakis, die als Familie der Halbaffen zu den Trockennasenaffen gehören.

Die Trockennasenaffen oder «höheren Primaten» werden gemäß Evolutionstheorie auch als Anthropoiden («Menschenähnliche») bezeichnet. Sie werden in Neuweltaffen (Breitnasenaffen) und Altweltaffen (Schmalnasenaffen) unterteilt. Von besonderer Bedeutung innerhalb der Altweltaffen sind die sogenannten Menschenaffen (Hominoiden, «Menschenartige»): die Gibbons als die Kleinen Menschenaffen und die Orang-Utans, Gorillas und Schimpansen als die Großen Menschenaffen (Hominiden), wobei der Mensch als der letzte Abkömmling der urzeitlichen (pliozänen) Hominiden gilt.

Was am Anfang dieses Kapitels betont wurde, nämlich dass für die Tierordnung der Primaten keine Übergangsformen gefunden wurden, gilt auch für die großen Kategorien innerhalb der Primaten. Die Feuchtnasen- und die Trockennasenaffen stehen als eigene Kategorien da, und es wurden keinerlei Übergangsformen gefunden. Es ist allein schon theoretisch unklar, wie aus unterschiedlichen Linien von Halbaffen über zahlreiche Mutationen die ganz anders gearteten «echten» Affen entstanden sein sollen. Gibbons, Orang-Utans, Gorillas und Schimpansen haben alle ihre Vorfahren, doch von einem gemeinsamen Vorfahren der Neuwelt- und Altweltaffen fehlt jede Spur, ganz zu schweigen von einem gemeinsamen Vorfahren der Feuchtnasen- und Trockennasenaffen. Auch hier lautet die ketzerische Frage, ob es diesen «gemeinsamen Vorfahren» überhaupt gegeben hat.

Unbekannte Herkunft der Primaten

Lange Zeit wurde geglaubt, das insektenfressende Spitzhörnchen sei der Vorfahre der ersten Primaten, aber diese Theorie wurde bereits in den 1980er Jahren verworfen, denn beide Ordnungen sind grundlegend verschieden, sowohl anatomisch als auch in ihrem spezifischen Verhalten.* Als hypothetische Vorfahren der Primaten gelten heute die katzengroßen Riesengleiter (Dermoptera), auch «Pelzflatterer» oder «Flattermakis» genannt (wörtl. «Hautflügler»):

> Ihre nächsten Verwandten sind die Riesengleiter (Dermoptera). Die Spitzhörnchen (Scandentia), die früher manchmal den Primaten zugerechnet wurden, zeigen zwar im Schädelbau und im Verhalten Ähnlichkeiten, diese sind aber entweder generelle Merkmale der Säuger oder konvergente Entwicklungen, so dass sie heute in eine eigene Ordnung, Scandentia, gestellt werden.[6]

Die Primaten sind eine eigene Tierordnung, die sich von allen anderen Ordnungen der Säugetiere durch klare Merkmale und Eigenheiten unterscheidet. Um dennoch im darwinistischen Sinn eine Verwandtschaft mit anderen Säugetieren herstellen zu können, wurde 1999 der Begriff «Euarchonta» geprägt, der die Riesengleiter und die Spitzhörnchen mit den Primaten als deren Abkömmlinge in eine Überordnung zusammenfasst. Aber dieser künstliche Begriff löst die faktischen Unterschiede zwischen den Riesengleitern und Spitzhörnchen auf der einen Seite und den Primaten auf der anderen nicht auf: «Alle Euarchonta haben Hände, die für ein Leben in den Bäumen geeignet zu sein scheinen, aber keine dieser Arten hat Hintergliedmaßen und Fußgelenke mit den Ausprägungen, die Sprungbewegungen ermöglichen und die für die frühesten Primaten charakteristisch sind. Wie dargelegt, ist die Zeichnung einer Evolutionslinie von Primaten aus einer Gruppe von Euarchonta schwierig, wenn nicht drastische Veränderungen im Körperbau und in der Anpassung vorausgesetzt werden.»[7]

Die «drastischen Veränderungen», die für eine makroevolutive Abstammung der Primaten erforderlich gewesen wären,

* Um nur zwei deutliche Unterschiede zu nennen: Das weibliche Spitzhörnchen kommt nur alle 48 Stunden für etwa 10 Minuten an das Nest der Jungen, während die Primaten ihre Jungen mit einer intensiven Betreuung und mit hautnahem Kontakt aufziehen. Die Muttermilch eines Spitzhörnchens enthält 25% Fett, die von Primaten 1 - 3% und nie mehr als 5%.

werden in den Lehrbüchern heruntergespielt, und die Darstellungen sind so formuliert, wie wenn die Fragen grundsätzlich geklärt wären. In einem Lehrbuch der Evolutionstheorie (2010) steht dazu Folgendes:

> Im frühen Tertiär erscheinen erstmals auch Vertreter der Säugetierordnung Primaten, kleine, bodenlebende, nachtaktive Tiere mit gutem Geruchssinn und geringem Sehvermögen. Sie leiten sich wahrscheinlich von Insektenfressern ab. Schon sehr früh in ihrer Evolution passen sich ursprüngliche Primaten dem Leben auf den Bäumen an.[8]

Die hypothetische Abstammung der Primaten wird als Tatsache hingestellt, und die Entstehung der Vielfalt der Primaten wird einfach als «Anpassung» bezeichnet: Kleine nachtaktive Tiere mit sehr schwachen Augen sollen zu flinken, kletterfähigen Primaten geworden sein. Dies ist jedoch nicht einfach eine mikroevolutive Anpassung. Die kletterfähigen Primaten haben ganz andere Hände und Füße als die Tiere, die auf dem Boden leben. Sie haben vier lange Zehen, die greifen können, die große Zehe ist abgespreizt und opponierbar. Ebenso haben sie greiffähige, starke Finger, flache Fingernägel statt Krallen sowie Augen, die ein scharfes, farbiges und präzises räumliches Sehen ermöglichen. Dies alles erfordert ein verändertes Skelett und ein auf diese Eigenschaften (stereoskopes Sehen, flinke Motorik, Gleichgewichtssinn usw.) angepasstes Gehirn. Hier liegen ähnliche kategorische Unterschiede vor wie zwischen «Maus» und «Fledermaus»!

Die Theorie einer evolutionären Abstammung kann also die Frage nach den ersten Primaten ebenso wie die Frage nach der Abstammung der verschiedenen Untergruppen innerhalb der Primaten nicht beantworten. Trotz dieser fundamentalen Mängel macht der Darwinismus auch den nächsten Schritt und behauptet, es sei erwiesen, dass der Mensch aus einer Linie von Primaten entstanden sei.

Die genetische Ähnlichkeit von Mensch und Affe

Ein Hauptargument für die Abstammung des Menschen von den Tieren ist die große Ähnlichkeit von Menschen und Affen auf der Ebene der Gene. Beim Schimpansen beträgt die Ähnlichkeit zum Menschen, je nach Studie, 87 bis 99,5%.[9]

Nehmen wir an, es seien 98%. Bedeutet dies, dass der Mensch zu 98% Schimpanse ist und ein Schimpanse zu 98% Mensch? Kann der Schimpanse zu 98% wie ein Mensch denken und sprechen? Natürlich nicht. Der Mensch ist zu 100% Mensch und der Schimpanse zu 100% Schimpanse.

Bei dieser Spurensuche dürfen wir nicht vergessen, dass alle Pflanzen, Tiere und Menschen genetische Übereinstimmungen aufweisen. Eine im Jahr 2006 veröffentlichte Studie zeigte zum Beispiel, dass Fledermäuse und Kühe sich auf der genetischen Ebene ähnlicher sind als Kühe und Pferde![10] Stehen Fledermäuse deshalb den Kühen «evolutionär» näher als Pferde?

Gemäß Blutserumreaktionen sind Menschen und Großprimaten ähnlicher als ein Pferd und ein Esel.[11] Gemäß anderen molekularbiologischen Kriterien stehen die Afrikanischen Menschenaffen (Schimpansen und Gorillas) dem Menschen näher als dem Orang-Utan.[12] Je nachdem, welche Kriterien ausgewählt werden, ergeben sich neue Konstellationen von Ähnlichkeiten und Verschiedenheiten. (Schimpansen haben z. B. eine 10% längere DNS als Menschen, und es bestehen noch viele andere markante genetische Unterschiede.[13]) Dies zeigt, wie fragwürdig es ist, aus genetischen Ähnlichkeiten Rückschlüsse auf eine Verwandtschaft und Abstammung im darwinistischen Sinn zu ziehen.

Der Mensch hat zu rund 70% die gleiche Genstruktur wie Fische, zu rund 50% die gleiche Genstruktur wie Bananen und zu 35% die gleiche Genstruktur wie Osterglocken (gelbe Narzissen).[14] Aber niemand würde hier behaupten wollen, dass sich irgendwann in der Vergangenheit tierische Vorfahren des Menschen von der Linie der Narzissen und von der Linie der Bananen getrennt haben. Gemäß der Evolutionstheorie fand die Trennung von Pflanzen und Tieren bereits bei den präkambrischen Einzellern statt. Wenn eine genetische Ähnlichkeit von 35% oder 50% nichts über eine hypothetische Abstammung sagt, trifft dies auch auf die genetische Ähnlichkeit von Affen und Menschen zu, unabhängig davon, wie groß diese genetische Ähnlichkeit ist.

Das Pflanzenreich, das Tierreich und das Menschenreich sind durch die jeweiligen Eigenschaften deutlich unterschieden, obwohl Pflanzen, Tiere und Menschen eine genetische Ähnlichkeit haben. Dennoch wird von den Evolutionstheoretikern suggeriert, die genetische Ähnlichkeit von 95 bis 99% würde bedeuten, der Mensch sei erstens ein Tier und zweitens «fast» ein Affe: ein nackter Affe, ein fehlentwickelter Affe, ein sprechender Affe, der fünfte Affe.[15]

Genetische Ähnlichkeit ist kein Beweis für Abstammung

Darwinisten sehen in der genetischen Ähnlichkeit von Affen und Menschen einen Beweis für ihre Theorie. In ihrer Argumentation begehen sie jedoch einen Denkfehler, indem sie einen unzulässigen Umkehrschluss ziehen. Es stimmt zwar, dass eine evolutionäre Abstammung zu genetischen Ähnlichkeiten führen würde, aber diese Logik darf nicht umgedreht werden: *Genetische Ähnlichkeit ist kein Beweis für evolutionäre Abstammung.* Die genetische Ähnlichkeit lässt sich auf unterschiedliche Weise interpretieren. Der Darwinismus versucht diese Ähnlichkeit mit naturalistischen Vorstellungen zu erklären. Wie bereits in den vorangegangenen Kapiteln dargelegt, würde eine evolutionäre Abstammung eine Veränderung des Gen-Codes durch eine ständige Serie von Zufällen bedingen, wobei jede Zwischenstufe eine lebensfähige Population hervorbringen müsste. Die Faktenlage zeigt, dass dem nicht so ist. Die Unterschiede im Gen-Code der Tiere verschiedener Gattungen, Familien usw. sind immer «sprunghaft» und kategorisch, so auch der Unterschied zwischen dem Genom des Schimpansen und dem des Menschen.

Die Stadien der Embryo- und Fötusentwicklung

Eines der bekanntesten Argumente für die Evolutionstheorie besagt, die embryonale Entwicklung des Menschen zeige Stationen der evolutionären Entwicklung (Fisch, Amphibium, Primat und dann Mensch). Dieses eingängige Argument geht auf den Darwin-Anhänger Ernst Haeckel (1834–1919) zurück, der hier sogar von einem «biogenetischen Grundgesetz» sprach: die Ontogenese (vorgeburtliche Entwicklung) rekapituliere die Phylogenese (evolutionäre Stammesgeschichte). Was Haeckel suggestiv als «Gesetz» bezeichnete, war nur eine Projektion darwinistischer Vorstellungen auf die Embryo- und Fötusentwicklung. Haeckel fertigte zu diesem Zweck seine bekannten Zeichnungen an, mit denen er optisch eine vorgeburtliche Rekapitulation der Evolution suggerierte. Dabei schreckte er auch nicht vor Verfälschungen zurück. So zeichnete er den «Schwanz» des menschlichen Embryos doppelt so lang, wie er wirklich ist, um eine Ähnlichkeit zum Hundeembryo entstehen zu lassen.[16]

Heute ist längst nachgewiesen, dass die Ontogenese bei jedem Tier klar artspezifisch ist, ebenso beim Menschen. Der optische Schein trügt. Die vorgeburtliche Entwicklung rekapituliert keine evolutionären Vorstufen. Die angeblichen Kiemenspalten beim menschlichen Embryo sind in Wirklichkeit Hautfalten, aus denen u. a. der Unterkiefer und das Innenohr entstehen. Der angebliche Schwanz erscheint in den Wochen 4 bis 6 als ein wichtiger Teil der embryonalen Form der Wirbelsäule und hat nichts mit einer *Verlängerung* der Wirbelsäule zu tun. Das angebliche Fell des menschlichen Fötus, die Lanugo-Behaarung, hat nichts mit der späteren Körperbehaarung zu tun, sondern dient dem Schutz der Haut des ungeborenen Kindes. (Nicht einmal beim Affenfötus ist die Lanugo-Behaarung eine Vorstufe des Fells. Auch beim Affen wird die Lanugo-Behaarung zuerst abgestoßen, und erst dann, durch eine andere genetische Funktion, wächst das Fell.) Läge beim Menschen tatsächlich eine Rekapitulation der «evolutionären» Phyologenese vor, müsste z. B. die Entwicklung des Herzens mit einer einzigen Kammer beginnen und sich schrittweise in vier Kammern aufteilen. Stattdessen beginnt die Entwicklung mit zwei Kammern, die sich später zu einer Kammer vereinigen, aus der dann vier Kammern entstehen. Die Reihenfolge ist also 2-1-4 und nicht 1-2-4, wie es Haeckels «Gesetz» erfordern würde. Ebenso entwickelt sich beim Menschen das Gehirn vor den Nervensträngen und das Herz vor den Blutgefäßen, usw.[17]

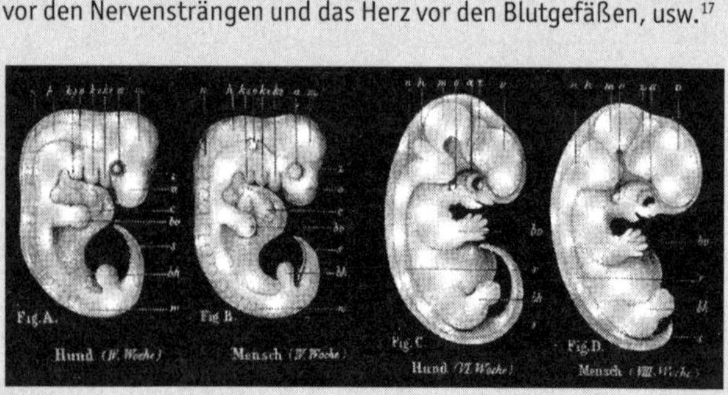

Beispiel für eine von Ernst Haeckel verfälschte Darstellung: Der «Schwanz» des menschlichen Embryos ist mit doppelter Länge dargestellt, um den optischen Eindruck der Ähnlichkeit mit dem Hundeembryo (4. und 6. Woche) zu verstärken. (aus: Haeckel, *Natürliche Schöpfungsgeschichte*, Berlin 1868)

Der Mensch ist zu 100% Mensch und der Schimpanse zu 100% Schimpanse. Warum haben beide dann eine derart hohe Gen-Übereinstimmung? Die darwinistische Theorie sagt: wegen der evolutionären Abstammung. Eine viel einfachere Erklärung lautet: *weil alle Körper aus den gleichen organischen Bausteinen bestehen.*

Die Tatsache, dass Menschen, Tiere und Pflanzen eine gewisse genetische Übereinstimmung haben, beruht auf der Gemeinsamkeit, dass alle Lebewesen auf derselben Erde leben, das gleiche Wasser trinken, die gleiche Luft atmen, die gleichen Nähr- und Mineralstoffe aufnehmen usw. Alle Lebewesen haben an diese Verhältnisse angepasste Körper aus organischer Materie. Und organische Materie baut sich in allen Lebensformen aus den gleichen genetischen Grundeinheiten auf. (Ein grober Vergleich mag dies veranschaulichen: Eine Kirche, ein Wohnhaus und ein Bahnhof bestehen alle aus den gleichen Materialien: Steine, Glas, Beton, Eisen usw. Je nach Bauplan werden die Materialien unterschiedlich geformt und zusammengefügt, was die gänzlich verschiedenen Gebäudekategorien ergibt, obwohl die Materialien in unterschiedlichen Prozentsätzen die gleichen sind.)

Gene sind *Informationsträger* und organisieren den «Bau» des organischen Körpers. Woher die Information kommt, ist aus materialistisch-wissenschaftlicher Sicht ungeklärt und wird mit den Zauberwörtern «Selbstorganisation» und «Zufall» banalisiert (siehe Kap. 3). Solange die Wissenschaft nicht demonstrieren kann, woher die Information kommt, sind all ihre darwinistischen Interpretationen der genetischen Ähnlichkeit fragwürdig und spekulativ.

Aus der Sicht der spirituell-ganzheitlichen Wissenschaft sind die Ähnlichkeiten der Menschen und Tiere auf anatomischer und genetischer Ebene nicht Ähnlichkeiten aufgrund einer evolutionären Abstammung, sondern *Ähnlichkeiten aufgrund eines gemeinsamen Hintergrundes.* Dieser gemeinsame Hintergrund bewirkt einen höherdimensional-vernetzten Bauplan für alle pflanzlichen und tierischen Körperformen, mit dem

Menschen als Sonderform. Mit anderen Worten: Genetische Ähnlichkeit bedeutet *Parallelität* und *Kompatibilität* auf organischer Ebene. Nur deshalb sind z. B. so selbstverständliche Phänomene wie physische Fortpflanzung und physische Ernährung möglich. Ohne diese Kompatibilität wären wir nicht in der Lage, tierische und pflanzliche Nahrung zu verdauen und deren Nährstoffe in unseren Körper aufzunehmen.

Die Gen-Ähnlichkeit ist kein Beweis für die Evolution, sondern ein Beweis dafür, dass die Gene «nur» Informationsträger sind, aber *nicht die Quelle* der Information. Die Information geht auf geistige, «übernatürliche» Quellen zurück.* Wäre dem nicht so, wären alle Lebewesen Biocomputer, die von den Genen gesteuert werden, so wie ein Computer vollständig von seinen Programmen und den eingegebenen Daten gesteuert wird. Aber so wie die Programme im Computer sich nicht selbst programmiert haben, haben sich auch die Gene nicht selbst programmiert.

Ebenso lassen sich alle anderen angeblichen Beweise für die Abstammung des Menschen von den Tieren leicht auf die wirklichen Fakten reduzieren, und diese Fakten lassen wiederum ganz andere Interpretationen zu als bloß eine darwinistische. Die «Tatsache» der Evolution ist in Wirklichkeit nichts anderes als der Glaube der Evolutionstheoretiker an ihre eigene Weltanschauung. Dies zeigt sich am deutlichsten bei der Frage nach der Herkunft des Menschen (siehe nächstes Kapitel).

* Der genetische Unterschied *zwischen den Menschen* ist noch viel geringer als der Unterschied zwischen Schimpansen und Menschen. Aber das bedeutet offensichtlich nicht, dass alle Menschen zu 99,99% identisch sind. Jeder Mensch ist ein Individuum. Die Individualität (Einzigartigkeit) eines Menschen beruht offensichtlich nicht auf den Genen, aber auch nicht auf irgendwelchen anderen materiellen Ursachen, sondern auf *spirituellen* Ursachen, denn Information – in den Genen, in der Natur, im Kosmos – ist immer der Ausdruck von Bewusstsein, sowohl im Relativen als auch im Absoluten (siehe S. 36f.).

Exkurs: Die Chromosomenzahl der Menschen und der «Menschenaffen»

Ein häufig angeführtes Argument dafür, dass Menschen und Schimpansen einen gemeinsamen Primatenvorfahren haben, besagt, dass das sogenannte Chromosom 2 des Menschen aus einer Fusion zweier Affenchromosomen hervorgegangen sei. Menschen haben in ihren Körperzellen 46 Chromosomen (= 23 Chromosomenpaare), Gorillas, Schimpansen und Orang-Utans haben 48 (= 24 Chromosomenpaare). Wenn der Mensch und diese Affenarten einen gemeinsamen Vorfahren haben, müsste der Mensch eigentlich ebenfalls 24 Chromosomenpaare haben. Wohin ist das 24. Chromosomenpaar verschwunden – falls es denn verschwunden ist und falls Primaten jemals Menschen wurden?

Vor einigen Jahrzehnten wurde im Chromosom 2 des Menschen ein Abschnitt entdeckt, der als Fusionszone zweier Chromosomen interpretiert wurde. Dieser Abschnitt macht 10% des gesamten Chromosoms aus, ist also relativ klein und ist Teil einer übergeordneten, aktiven DNS-Sequenz. Weil die darwinistischen Genetiker in dieser hypothetischen Fusion die Lösung für die Frage der unterschiedlichen Chromosomenzahl von Menschen und Menschenaffen zu erkennen glaubten, nannten sie die Chromosomen 2 und 3 des Schimpansen neu «Chromosom 2A» und «Chromosom 2B», wodurch postuliert wurde, diese beiden Primatenchromosomen seien beim Menschen im Lauf der Evolution zu einem einzigen Chromosom, dem besagten «Chromosom 2», verschmolzen. Damit lasse sich erklären, warum die Körperzellen der großen Menschenaffen 48 und die des Menschen 46 Chromosomen enthielten.

Eine objektive Betrachtung der Fakten zeigt jedoch, dass die Annahme, das menschliche Chromosom 2 sei durch eine Fusion zweier Chromosomen von tierischen Vorfahren entstanden, nur eine Vermutung ist.[18]

Um nur zwei der vielen Fakten zu nennen: Die genetische Struktur, die in der angeblichen Fusionsstelle in Chromosom 2 zu finden ist, kommt im menschlichen Genom in ähnlicher Form 18-mal vor, und ihre Positionierung im Genom ist gänzlich verschieden vom Genom der Menschenaffen, bei denen diese scheinbar ähnlichen (nicht homologen) Strukturen höchstens viermal vorkommen. Das heißt, sie zeigen nur eine geringe Syntenie.* Hinzu kommt, dass die «Fusionsstelle» im Chromosom 2 des Menschen keine Satelliten-DNS enthält. (Alle bekannten Fusionsstellen von Chromosomen bei Säugetieren enthalten Satelliten-DNS; diese DNS ist das typische Merkmal für Chromosomfusionen.) Statt die Theorie einer Fusion als widerlegt zu betrachten, versuchen darwinistische Genetiker diese Theorie zu retten, indem sie sagen, der gemeinsame Vorfahr habe eine geringere Anzahl von Satelliten-DNS gehabt als heutige Schimpansen; nach der Trennung der Evolutionslinien habe sich diese DNS bei den Schimpansen vermehrt und bei der Homo-Linie sei sie gelöscht worden. Dies ist ein weiteres Beispiel für die Zirkelschlüsse der

* Syntenie: Gemeinsamkeiten in der Reihenfolge von Genen oder Gensegmenten auf verschiedenen chromosomalen Abschnitten beim Vergleich der Genome von zwei verschiedenen biologischen Arten.

Evolutionstheoretiker, die alle Fakten gemäß ihren darwinistischen Erwartungen zurechtbiegen.

Wie aus obiger Feststellung bezüglich der Satelliten-DNS hervorgeht, sind Chromosomenfusionen durchaus möglich. *Innerhalb derselben Art* können solche Verschmelzungen oder Überlappungen immer wieder auftreten. Tiere und Pflanzen derselben Art haben nicht immer eine zu 100% gleiche Chromosomenaufteilung, haben aber dennoch die *gleiche artspezifische DNS-Information*. Bekannt sind die Untersuchungen an wiederkäuenden Tieren wie Schafen und Ziegen, die zeigten, dass diese Tiere sich sogar mit zwei oder drei verschmolzenen Chromosomenübergängen unterscheiden können, ohne dass es bei ihnen zu irgendeiner körperlichen Veränderung kommt.[19] Solche Verschmelzungen verursachen offensichtlich keine «evolutionären» Schübe. Solange die Gen-Information der DNS vollständig erhalten bleibt, führen Grenzverschiebungen innerhalb der Chromosomenunterteilungen anscheinend nicht zu Nachteilen.*

Übertragen auf die Frage des menschlichen Chromosoms 2 bedeutet dies: Selbst wenn der Mensch früher einmal 24 Chromosomenpaare gehabt hätte, hätte ihn dies nicht affenähnlich gemacht. Ein Wechsel von 24 auf 23 Chromosomenpaare hat nichts mit einer Tierabstammung des Menschen zu tun. Die genetischen Analysen weisen jedoch stark darauf hin, dass das Chromosom 2 nicht durch eine Fusion entstanden ist, dass der Mensch also immer schon 23 Chromosomenpaare hatte. Hätten die Menschen in früheren Zeitaltern 24 Chromosomenpaare gehabt, hätte durch eine zufällige Mutation zuerst nur ein einziger Mensch diese Chromosomenverschmelzung aufgewiesen, und diese wäre bei der Fortpflanzung mit anderen Menschen, die diese Abweichung nicht hatten, wieder untergegangen. Da jedoch *alle* Menschen eine Norm von 46 Chromosomen haben, ist dies mit einem linear-evolutionären Modell nicht überzeugend zu erklären.

Das Beispiel von Chromosom 2 zeigt, dass wir gut beraten sind, bei jeder Interpretation, die als «Evolutionsbeweis» bezeichnet wird, immer auch jene Erklärungen zu konsultieren, die von darwinismuskritischen Wissenschaftlern stammen. Selbst wenn diese ihrerseits ein kreationistisches Weltbild vertreten, lassen sich bei ihnen fachlich kompetente, lehrreiche und weiterführende Kritiken der angeblichen Evolutionsbeweise finden.[20] Es ist zu hoffen, dass zunehmend auch theistische Wissenschaftler evolutionskritische Beiträge veröffentlichen werden.

---

* Tabakpflanzen, Kartoffeln und Ameisen haben, wie Schimpansen, Gorillas und Orang-Utans, 24 Chromosomenpaare. Der Weizen, der Hafer, die Ratte und der Rhesusaffe haben 42 Chromosomen, der Regenwurm 36, das Huhn 78, der Einsiedlerkrebs 254, gewisse Farnarten 630, usw. Entscheidend ist offensichtlich nicht die Anzahl der Chromosomen, sondern die *genetische Information* der Chromosomen.

Kapitel 8

Zielgerichtete Adaption durch neue genetische Information

Als auf der Erde die gesamte Vielfalt von Tieren und Pflanzen entstanden war, herrschte ein perfektes ökologisches Gleichgewicht. Die Erde war ein Paradies. Es bestand kein evolutionärer Druck für die damaligen Affen, Menschen zu werden. Bei den Umweltveränderungen, die zu einem Rückgang der Waldfläche und zu einer Ausbreitung der Savannen führten, passten sich die Affen problemlos an die neuen Verhältnisse an, ohne dass sie deshalb Menschen werden «mussten». Dennoch entstanden mitten in dieser paradiesischen Natur auch Menschen.

Bevor wir die darwinistische Theorie zur Entstehung des Menschen näher betrachten, wollen wir das bisher Gesagte nochmals Revue passieren lassen, und zwar aus der Perspektive der Frage, die bereits in Kapitel 3 aufgegriffen wurde: die Entstehung von neuer biologischer Information. Denn in der Natur wirken Faktoren, die *zielgerichtete* Variationen und Adaptionen auslösen, und zwar in einem Ausmaß, das mit naturalistischen Ansätzen nicht zu erklären ist. Darwinistische Interpretationen führen deshalb zu fragwürdigen bis falschen Schlüssen, insbesondere bei der Untersuchung der fossilen Reste von urzeitlichen «Menschenaffen» und Menschen.

Schafft die Information sich selbst?

Körperliche Veränderungen bei Bakterien, Einzellern, Pilzen, Pflanzen und Tieren (und natürlich auch beim Menschen) geschehen nur, wenn zuerst die entsprechenden Veränderungen in der DNS stattgefunden haben. Wie bereits dargelegt, sind Gene Informationsträger und organisieren den «Bau» des Körpers. Gene erschaffen die Information nicht selbst, ähnlich wie eine DVD den Film, den sie trägt, nicht selbst «runtergeladen» oder gar selbst geschaffen hat. Woher die Information der Gene kommt, ist aus materialistisch-wissenschaftlicher Sicht ungeklärt, aber der Darwinismus glaubt, die Prinzipien von Zufall und Notwendigkeit (= «Selbstorganisation») seien genügend, um die Existenz des gesamten Kosmos und der gesamten Vielfalt des irdischen Lebens inkl. Mensch zu erklären.

Sprunghaftes Erscheinen von neuen Bauplänen

In der Erdgeschichte gab es immer wieder Phasen, in denen gänzlich neue Lebensformen entstanden, während bei den bereits existierenden Tieren und Pflanzen tiefgreifende Adaptionen stattfanden. Das bekannteste Beispiel ist das Ende der Kreidezeit, als durch eine globale Katastrophe die Saurier und viele andere Tierarten ausstarben. Man würde meinen, dass nach einer solchen Megakatastrophe nur noch ein geringer Teil der früheren Artenvielfalt vorhanden war. Dem war jedoch nicht so: Mit dem großen Aussterben wurde die Erde nicht leergefegt und öde, sondern eine nachfolgende Schöpfungswelle brachte *sprunghaft* viele neue Pflanzen- und Tierformen hervor, und die bereits existierenden Lebewesen veränderten sich mit drastischen Adaptionen. Nach dem Aussterben der Saurier gab es weiterhin Reptilien, aber diese hatten allesamt eine verringerte Körpergröße und eine in vieler Hinsicht veränderte Körperstruktur. Auffällig waren auch die Veränderungen bei den Vögeln. Die archaischen Formen starben aus oder transformierten sich, und die «modernen» Vögel traten in die Existenz. Parallel dazu erschienen Tiere, die es vorher noch nicht gegeben hatte: die Säugetiere mit ihrer erstaunlichen Vielfalt an Formen, von Landtieren über Fledermäuse bis hin zu den Delfinen und Walen.

Die darwinistische Erklärung sagt, diese neuen Tierformen seien nicht «plötzlich» erschienen, sondern innerhalb einer geologisch kurzen Zeit von schätzungsweise 10 bis 20 Millionen Jahren, und zwar durch zufällige Mutationen mit nachfolgender natürlicher Selektion. Wie bereits dargelegt, zeigen die Fossilien keine makroevolutiven Übergangsformen, sondern immer nur neue Formen, die abrupt erscheinen – mit den klar ausgebildeten Merkmalen der jeweiligen Stämme, Klassen usw.

Nicht «Evolution», sondern Adaption

Heute kennen wir verschiedenste Beispiele aus der Tier- und der Pflanzenwelt, die zeigen, dass Geninformationen sich «spontan» verändern können und intelligente Adaptionen verursachen. Das jedoch ist keine «Evolution» durch Mutation und Selektion, sondern eine *zielgerichtete Adaption,* also gerade das, was die Evolutionstheorie bestreitet (sie besagt, Mutationen seien immer zufällig und ungerichtet).

Was geschieht, wenn man eine Art von Bakterien, die keine Laktose aufnehmen kann, in eine Laktoselösung setzt? 1988 führte Dr. John Cairns ein entsprechendes Experiment durch, und das Ergebnis war verblüffend. Die Bakterien konnten sich nicht mehr ernähren und reagierten mit einem Abwehrmechanismus, der wie eine Schockstarre war. Aber schon am zweiten Tag wurden einige der Bakterien wieder aktiv – und konnten Laktose «verdauen»! Ihre DNS hatte alle zur Laktoseverwertung notwendigen Änderungen vorgenommen.[1] In der Fortsetzung dieser Arbeit veröffentlichte Dr. Barry Hall 1990 einen Bericht über Experimente, die zeigten, dass Bakterien, denen man lebenswichtige Nährstoffe entzog, schon nach einigen Generationen in der Lage waren, diese Nährstoffe zu synthetisieren, d. h. aus den vorhandenen Stoffen «künstlich» herzustellen. «Was immer die Bakterien benötigten, um zu überleben, wurde ihnen – durch die verborgenen Gesetze der Natur – zur Verfügung gestellt.»[2]

Ein weiteres Beispiel für zielgerichtete Mutationen sind die Bakterien, die plötzlich in der Lage waren, Nylon zu verdauen.

Gerade dieses Beispiel wird von Evolutionstheoretikern immer wieder angeführt, um zu zeigen, dass es praktische Beispiele für positive Genmutationen gibt[3] (die meisten Genmutationen führen zu Verschlechterungen und Mängeln). Aber auch dieses Beispiel zeigt keine Evolution: *die Bakterien bleiben Bakterien.* Sie zeigen eine zielgerichtete Adaption, die nicht mit zufälligen Mutationen erklärt werden kann.

Schnelle perfekte Adaption

Wenn sich bei plötzlichen Veränderungen in der Umwelt zielgerichtete Adaptionen ergeben, ist dies nicht das Ergebnis von Mutationen, die zufällig gerade nützlich sind. Vielmehr zeigt sich darin ein intelligentes Reagieren der Natur, das eine partielle Veränderung (Neucodierung) der DNS-Information auslöst, damit schnellstmöglich genau die erforderlichen körperlichen Veränderungen stattfinden.

2008 kam ein Beispiel hierfür sogar in die Mainstream-Medien. Auslöser war ein Fachartikel der Universität von Massachusetts über die «schnelle Evolution» von Eidechsen. 1971 hatten Zoologen fünf Paare von Ruineneidechsen von Pod Kopište, einer heißen, vegetationsarmen Insel in der Adria, auf die vegetationsreiche Nachbarinsel Pod Mrčaru versetzt. In diesem neuen Lebensraum hatten die insektenfressenden Eidechsen Mühe, Insekten zu finden, und mussten auf pflanzliche Nahrung ausweichen. Dies löste zielgerichtete Adaptionen aus, so dass die Eidechsen innerhalb weniger Generationen sich hauptsächlich von Pflanzen ernähren konnten. Untersuchungen von 2004 bis 2006 zeigten, dass sich markante anatomische Veränderungen ergeben hatten. Die Ruineneidechsen waren größer geworden, hatten aber kleinere Hinterbeine und hatten nicht mehr so schnelle Bewegungsreflexe, weil sie nicht mehr Insekten jagten und weil es auf der neuen Insel fast keine natürlichen Feinde gab. Der nunmehr größere Kopf hatte eine veränderte Knochenstruktur im Kiefer, die es den Eidechsen ermöglichte, kräftiger zuzubeißen und Pflanzen zu zerkauen. Ebenso hatten sich im Verdauungstrakt Klappen gebildet, durch die im Darm Fermentationskammern entstanden, damit die pflanzliche Nahrung nicht so schnell durch den Körper geht wie die tierische, denn Pflanzen erfordern eine längere Verdauungszeit. In diesem umkonstruierten Eidechsenmagen können nun Mikroben mithelfen, die Pflanzen zu zersetzen und die Nährstoffe herauszulösen. Eine solche Art von Darm und Magen hatte es bei dieser Eidechsenart zuvor noch nie gegeben.[4]

Diese schnelle und perfekte Veränderung des Verdauungstrakts erklärten die darwinistischen Wissenschaftler mit dem Begriff «phylogenetische Plastizität», und sie verkündeten, dies sei Evolution vor unseren Augen, d.h. ein konkretes Beispiel für «schnelle und umfassende evolutionäre Veränderungen» *(rapid and large-scale evolutionary changes)*.[5] Doch das ist eine irreführende Interpretation. Auch hier geschah keine «Evolution», sondern eine zielgerichtete Adaption, und das innerhalb von nur wenigen Jahren. Das wohl bekannteste Beispiel für zielgerichtete Adaptionen sind die Darwinfinken (S. 102).

Wundersame organische Rekonstruktionen

Auch bei künstlichen Eingriffen kann es vorkommen, dass die Natur Mechanismen in Gang setzt, welche die Veränderungen korrigieren bzw. rückgängig machen. Ein Beispiel hierfür liefert Francis Hitching anhand von Experimenten mit der Fruchtfliege *Drosophila*. Er entfernte die Genabschnitte in der DNS, die die Bildung der Augen steuern, und tatsächlich hatten die nächsten Generationen keine Augen mehr. Aber schon nach fünf Generationen, d.h. nach wenigen Wochen, erschienen die Augen wieder! «Irgendwie hatte der Gencode einen eingebauten Reparaturmechanismus, der die fehlenden Gene wieder herstellte.»[6] Aber was ist das für ein mysteriöser Mechanismus? Woher kommt er? Sicher nicht aus der hypothetischen Evolution. Denn die Drosophila hat in ihrer Vergangenheit nie die Augen verloren und hat dadurch auch nie

Die Darwinfinken sind 14 eng verwandte Singvogelarten, die nur auf den Galápagos-Inseln vorkommen. Für Darwin wurden diese Vögel zu einem wichtigen Beweis für seine Evolutionstheorie, denn sie hatten aufgrund der Isolierung auf den begrenzten Lebensraum vereinzelter Inseln unterschiedliche Schnabelformen ausgebildet. Dies jedoch ist Adaption und Variation und keine Evolution im darwinistischen Sinn. Darwins Finken hatten zwar unterschiedliche Schnabelformen, aber waren offensichtlich immer noch Finken und Vögel. Erstaunlich hingegen ist, dass diese Vögel zielgerichtet – je nach den Ernährungsmöglichkeiten auf den jeweiligen Inseln – die passenden Schnabelformen bekamen. Eine solche zielgerichtete, perfekte Adaption ist genau das Gegenteil von «Evolution». Wenn die Galápagos-Finken in einen anderen Lebensraum wechseln oder wenn sich das Klima verändert, stellen sich entsprechende neue Adaptionen ein, immer innerhalb des breiten Spektrums der artspezifischen Variation. Mit anderen Worten, die Veränderung der Schnabelform war nicht der Beginn einer gesamthaften (makroevolutiven) Umwandlung dieser Vögel. (Zeichnung von John Gould für einen Artikel von Charles Darwin, der 1845 veröffentlicht wurde.)

einen Reparaturmechanismus aufgebaut. Dennoch reagierte der Körper der Drosophila nach diesem plötzlichen Eingriff gezielt und intelligent und stellte die ursprüngliche Genstruktur in der kürzest möglichen Zeit wieder her.

Ein ähnliches Experiment beschreibt Rupert Sheldrake in seinem Buch *Das schöpferische Universum:* die Neubildung der Linse im Auge eines Wassermolchs. Wenn diesem bedauernswerten Amphibium operativ die Linse aus einem Auge entfernt wird, wächst die Linse wieder nach, und zwar aus dem *oberen Irisrand* heraus. Das ist verblüffend, denn bei der embryonalen Entwicklung wird die Linse auf eine völlig andere Weise gebildet (aus der Haut). Der Verlust der Linse kommt in der Natur nie vor, ihre Regeneration kann also nicht «evolutionär» in den Genen vorprogrammiert worden sein![7]

Der darwinistische Flache-Erde-Glaube

Während rund eintausend Jahren glaubte die europäische Schulwissenschaft, die Erde sei flach. Man wusste, dass im alten Ägypten und Griechenland auch die Meinung vertreten worden war, die Erde sei eine Kugel, aber die mittelalterliche Wissenschaft hielt dies für eine primitive mythologische Vorstellung. Wäre die Erde rund, würden die Menschen auf der unteren Hälfte von der Kugel fallen und in den Weltraum stürzen! Die damaligen Wissenschaftler – allesamt hochintelligente Männer – konnten sich nicht vorstellen, dass es ein Energiefeld gibt, das eine Gravitation verursacht.

Etwas Vergleichbares ist heute der Fall. Naturalistisch denkende Menschen sehen nur die horizontale «flache» Realität des sinnlich Wahrnehmbaren und können sich nicht vorstellen, dass die Realität auch höhere Dimensionswelten umfasst, sowohl im Kosmos als auch in unserem individuellen Leben (Leben nach dem Tod, feinstofflicher Körper und feinstoffliche Welten, kosmische Intelligenzen, die durch ihre Bewusstseinsfelder in der physischen Materie schöpferisch wirken).

Die irdische Natur ist eingebettet in höhere Informationsfelder, und Informationsfelder haben immer mit Intelligenz und Bewusstsein zu tun. Viele akademische Wissenschaftler glauben jedoch lieber – aus welchen Gründen auch immer – an zufällige Mutationen, an spontane Evolution und an phylogenetische Plastizität, obwohl diese Begriffe den Sachverhalt nur beschreiben, aber nicht erklären.

«Spontane Evolution» ist eine zielgerichtete Adaption. *Spontan* bedeutet nicht «zufällig», sondern gerade das Gegenteil:

«aus einem inneren Impuls heraus; einer plötzlichen Eingebung folgend», vom lat. Wort *spons (spontis)*, «innerer Antrieb; freier Wille; Entscheidungskraft». *Spontan* ist also ein zutreffender Begriff, widerspricht aber direkt der darwinistischen Theorie. Spontane Anpassungen und Veränderungen können bei Pflanzen und Tieren und erst recht beim Menschen* auftreten. Wie bereits erwähnt, sind die höheren Dimensionen des Kosmos nicht einfach abstrakte Informationsfelder, sondern Quellen von schöpferischer, kosmischer Intelligenz. Dieser Erkenntnissprung ist noch viel größer als der Sprung vom Glauben an eine flache Erde zum Wissen, dass die Erde rund ist. Und das Wissen hört hier nicht auf, denn die Erde ist mehr als nur ein runder Materieball im Sonnensystem …

* Dies geschah nicht nur in der Vergangenheit, sondern geschieht auch in der Gegenwart – beim Menschen heute jedoch weitgehend nur noch in einer destruktiven Form. Die bekannteste spontane Veränderung des Zellwachstums wird von der heutigen Medizin ziemlich hilflos «Krebs» genannt …

Kapitel 9

Darwinistische Anthropologie: der Glaube, dass Tiere Menschenvorfahren waren

Die darwinistische Anthropologie geht von der Annahme aus, dass Tiere zu Menschen wurden, und interpretiert alle Primaten- und Menschenfossilien auf der Grundlage dieser Annahme. Neueste Thesen besagen, irgendwann vor rund 10 Millionen Jahren sei im Stammbaum der Großprimaten ein neuer Ast entstanden, aus dem über viele Zwischenstufen der Mensch hervorgegangen sei. Die angeblichen Vorfahren des Menschen, die vor dieser Trennung lebten – die faktisch also Tiere waren –, werden *Hominiden* genannt. Die primitiven, noch tierähnlichen Menschen nach der Trennung werden *Homininen* genannt.

Hominiden und Homininen sind also darwinistische Begriffe für Zwischenformen in der hypothetischen Entwicklungslinie von den urzeitlichen Affen zu den Menschen. Die Affen, die als «Hominiden» und frühe «Homininen» bezeichnet werden, sind Tiere, von denen angenommen wird, sie befänden sich auf dem Weg der Menschwerdung, ebenso wie vom ausgestorbenen «indischen Hirschferkel» (Indohyus) angenommen wird, es befinde sich auf dem Weg der Walwerdung (S. 73–78).

Die darwinistischen Zeitangaben sind hypothetisch

«Gemäß Berechnungen auf der Grundlage der molekularen Uhr trennte sich die Linie der Menschen von der Linie der Schimpansen vor rund 5 Millionen Jahren oder etwas mehr.»[1] Dieses «etwas mehr» wurde in den letzten Jahren – wiederum unter Berufung auf die molekulare Uhr – um 2 bis 8 Millionen

Jahre aufgestockt! «Die Wege von Mensch und Affe trennten sich viel früher als gedacht», verkündete die deutsche Ausgabe des *New Scientist* (48/2012). «Auf der Grundlage dieser neuen Zahlen [aus der Schimpansenforschung] [... wird] geschätzt, dass die Menschen seit mindestens 7 Millionen Jahren eigene Wege gehen, vielleicht sogar schon seit fast 13 Millionen Jahren.» Und es wird der amerikanische Anthropologe Owen Lovejoy zitiert: «Wenn wir 10 bis 15 Millionen Jahre zurückblicken, war der Planet voller Affen, und viele von ihnen ließen erstmals die anatomischen Anpassungen erkennen, die sich beim modernen Menschen wiederfinden.»

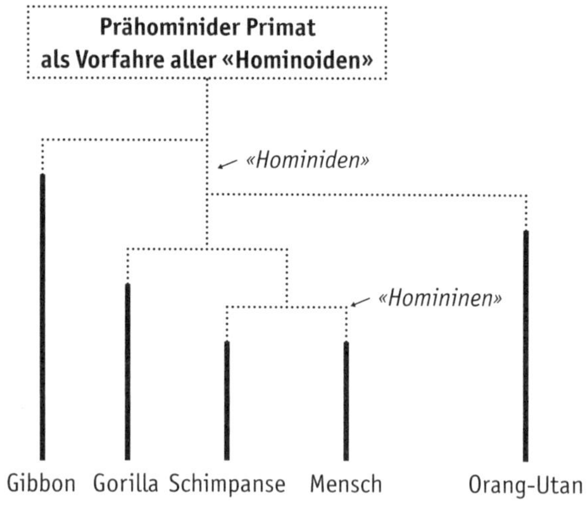

Im Darwinismus werden die Menschenaffen und die Menschen zur Überfamilie der «Menschenartigen» (Hominoiden) zusammengefasst. Aus der Linie des gemeinsamen Primatenvorfahren seien die Abstammungslinien der Menschenaffen (allg. Hominiden) und der Menschen hervorgegangen. Im engeren Sinn der Paläontologie bezieht sich der Begriff Hominiden («Vormenschen») auf die direkten Vorfahren der heutigen Großen Menschenaffen (Orang-Utans, Gorillas, Schimpansen) und der Menschen. Die primitiven, noch tierähnlichen «Urmenschen» nach der Trennung der Menschenlinie von der Affenlinie werden Homininen genannt. (Die gepunkteten Linien zeigen hypothetische makroevolutive Verbindungen gemäß der Evolutionstheorie.)

Die molekulare Uhr ist offensichtlich sehr ungenau und kann um Millionen von Jahren daneben liegen. Der Begriff «Uhr» ist ohnehin irreführend, denn die Gene enthalten keine quantitative Zeitangabe. Was als molekulare Uhr bezeichnet wird, ist nichts anderes als eine darwinistische Hochrechnung der heute feststellbaren Mutationsraten, und zwar angewandt auf eine Zeitspanne von Millionen von Jahren. Die sogenannte molekulare Uhr beruht auf einem Zirkelschluss: Man geht von der Annahme aus, dass die Menschen von urzeitlichen Großprimaten abstammen, dann projiziert man Mutationsraten von heutigen Menschenaffen in eine Jahrmillionen lange Vergangenheit und verkündet, diese Hochrechnung würde beweisen, dass die Linie der Menschen sich von der Linie der Affen abtrennte, und zwar vor 5 oder 7 oder 10 oder 13 Millionen Jahren.

Die Problematik der Radiometrie

Ähnlich hypothetisch und potentiell falsch sind die Datierungen, die mit radiometrischen Methoden errechnet werden. Diese Methoden kommen bei Erstarrungsgesteinen zur Anwendung. Wenn Lava erstarrt, beginnen die radioaktiven Elemente im Gestein in Tochterprodukte (Isotope) zu zerfallen. Die Zerfallsrate dieser Elemente ist bekannt, und so wird in der Radiometrie über die Menge des Isotopenanteils das Alter der Steine und Steinschichten berechnet. Die radiometrischen «Datierungen» sind die Grundlage aller heute akzeptierten Altersangaben für die verschiedenen Erdzeitalter bis hin zum Beginn des Kambriums vor 545 Millionen Jahren und noch weiter zurück. Das Alter der ältesten irdischen Gesteine wird mit 3800 Millionen Jahren angegeben.

Mit der Radiometrie wird das Alter der Gesteine jedoch nur indirekt gemessen. Man misst die vorhandene Menge des Isotops und schließt daraus auf das Alter. Hierbei wird angenommen, dass die Menge des Isotops beim Beginn der Erstarrung null war und dass nie irgendwelche Fremdfaktoren einwirkten (Faktoren, die den radioaktiven Zerfall verlangsamten oder beschleunigten oder die heute gemessene Isotopenmenge sonstwie beeinflussten). Wenn die radiometrischen Methoden eine richtige Altersangabe ergeben sollen, muss der Zerfallsvorgang immer *ungestört, konstant* und *linear* verlaufen sein, und das über eine Zeitspanne von 1000 Millionen Jahren und mehr.

All diese radiometrischen Grundannahmen sind jedoch fragwürdig. Verschiedene Forschungen weisen darauf hin, dass der Zerfallsvorgang durch kosmische Strahlung beschleunigt werden kann, dass zusätzliche Isotope ins Gestein gelangt sein können und dass beim Beginn der Erstarrung in der heißflüssigen Gesteinsmaterie bereits Isotope vorhanden sind, und zwar in einer unbekannten und immer verschiedenen Menge. All diese Faktoren verfälschen die Altersangaben drastisch.[2] (Bei Lavagestein, das nach dem Ausbruch des Mount St. Helens 1980 entstanden war, ergaben unterschiedliche radiometrische «Datierungen» ein Alter von 350 000 bis 2,4 Millionen Jahren![3])

Um einiges präziser und zuverlässiger ist die bekannte C14-Methode, doch diese ist nur bei organischen Proben anwendbar, und ihre Reichweite ist beschränkt. Bis zu einem Alter von 10 000 Jahren ergibt sie relativ präzise Angaben, aber bei größeren Zeiträumen wird auch sie ungewiss, weil nie bekannt ist, wie groß die Abweichung vom tatsächlichen Alter der vorhandenen organischen Probe ist.[4]

Unberechenbare Adaptionen

Die heutige Anthropologie beschränkt die Realität auf die physische Materie (die «flache Erde», S. 103) und bestreitet das Vorhandensein höherer Informations- und Schöpfungsfelder. Als Folge davon glaubt sie an lineare, makroevolutive Entwicklungen und ignoriert oder unterschätzt die schnellen zielgerichteten Adaptionen der Mikroevolution (S. 99ff.), die von wissenschaftlich nicht bekannten Faktoren ausgelöst und gesteuert werden.

Wie die Beispiele im vorigen Kapitel zeigen, können sich innerhalb von kurzer Zeit gravierende *mikro*evolutive Veränderungen einstellen, indem die DNS sich scheinbar selbst neu schreibt. Aber die Bakterien bleiben Bakterien, die Eidechsen bleiben Eidechsen, und es ist anzunehmen, dass dies auch auf die urzeitlichen Affen zutrifft: Sie durchliefen zahlreiche Veränderungen, blieben aber Affen.

Wenn wir betrachten, wie sehr sich die Eidechsen auf Pod Mrčaru veränderten – und wir sprechen hier nur von 10 bis 20 Jahren –, drängt sich der Schluss auf, dass bei den urzeitlichen Großprimaten das artspezifische Spektrum von Adaptionen viel größer war als bei den heutigen Großprimaten. Während der letzten Jahrmillionen veränderten sich die klimatischen, geologischen und kosmischen Gegebenheiten (Erdmagnetismus, Sonneneinflüsse usw.) in zyklischen Abläufen, was bei den Pflanzen und Tieren zu entsprechend variierenden Adaptionen führte. Die Großprimaten wurden größer oder kleiner, die Konstitution des Skelettes und des Schädels veränderte sich mitsamt der Hirnstruktur und des Hirnvolumens. Aber die Affen blieben Affen, egal welche Hin- und Herveränderungen sich während dieser langen Zeit innerhalb der Gattungen und Arten ergaben.

Weil die darwinistische Anthropologie an die Abstammung des Menschen von den Tieren glaubt, versucht sie, aus der Vielfalt von miozänen und pliozänen Affen und pleistozänen Menschen* eine hypothetische Entwicklungslinie abzuleiten. Das bedeutet jedoch nicht, dass die Projektion von darwinistischen Vorstellungen in die Vergangenheit tatsächlich der prähistorischen Realität entspricht …

---

* Nach dem Zeitalter der Saurier (Trias, Jura, Kreide) folgte das Erdzeitalter «Tertiär» mit den Unterteilungen Paläozän, Eozän, Oligozän, Miozän und Pliozän. Im Miozän erschienen die Primaten, im Pliozän die ersten «Hominiden». Nach dem Tertiär folgte das Quartär, das bis heute andauert. Das Quartär begann vor rund 2 Millionen Jahren mit dem Pleistozän, das bis 10 000 v. Chr. dauerte. Die ersten Formen der Gattung Homo entstanden gemäß Darwinismus im Pleistozän, abstammend von den «Hominiden» des Pliozäns.

Die Fossilien zeigen, dass Pflanzen und Tiere in gewissen Zeitaltern größer waren als heute: es gab einmal Riesenfarne, Riesenschachtelhalme, Riesenlibellen, Riesenvögel, Riesenechsen («Saurier») und auch Säugetiere, die größer waren als ihre heutigen Vertreter: Riesenfaultier (Megatherium, siehe Fotos), Riesenbiber (Castoroides), Riesenschwein (Entelodon), Riesenhirsch (Megaloceros), Riesenwolf (Megistotherium), Riesennashorn (Elasmotherium), Riesenaffe (Gigantophithecus) usw.

Werden fossile Skelettfragmente von großen urzeitlichen Primaten gefunden, besteht die Gefahr, dass sie gemäß den Vorstellungen und Erwartungen der Evolutionstheorie als Menschenvorfahren interpretiert werden, mit dem Ergebnis, dass die Rekonstruktion wie ein primitiver Tiermensch aussieht. Das bekannteste Beispiel hierfür ist «Lucy», die nur die Größe eines heutigen Schimpansen hatte (siehe S. 124).

Die hohe Variabilität der Primaten

Weil enthusiastische Paläontologen dazu neigen, Fossilien von Großprimaten sehr schnell als Knochen von Menschenvorfahren («Hominiden») zu bezeichnen, warnten moderate Darwinisten genau vor solchen voreiligen Schlüssen. Maßgebliche Abhandlungen wurden diesbezüglich bereits in den 1960er Jahren verfasst, insbesondere von Prof. A.H. Schultz vom Anthropologischen Institut der Universität Zürich.[5] Er wies darauf hin, dass die Schädelproportionen und Schädelformen innerhalb derselben Art von Menschenaffen extrem variieren können, ebenso die Gesichtsstrukturen. Er illustrierte dies mit Fotos von drei völlig normalen, gleichaltrigen Schimpansen, die derartige Unterschiede in den Schädel- und Gesichtsformen aufwiesen, dass man fossile Reste ihrer Schädel unweigerlich unterschiedlichen Arten zuordnen würde, möglicherweise mit der Vermutung, dass hier eine Entwicklung über Hunderttausende von Jahren vorliege.[6]

Die große morphologische Variationsbreite innerhalb der heutigen Großprimaten zeigt sich auch im Hirnvolumen: 175 – 540 cm^3 bei Orang-Utans, 275 – 500 cm^3 bei Schimpansen und 340 – 750 cm^3 bei den Gorillas.* Diese Unterschiede gehen auf den ausgeprägten Geschlechtsdimorphismus (S. 80) zurück. Bei Gorillas und Orang-Utans sind die Weibchen halb so schwer wie die Männchen und rund 20% kleiner.

Der sagitale Scheitelkamm (feiner knöcherner Kamm entlang der Mittelinie des Schädels) variiert ebenfalls. Sogar innerhalb derselben Art kann es vorkommen, dass einige ihn haben und andere fast nicht. Männchen haben ihn häufiger und ausgeprägter als Weibchen. Einige Weibchen haben gar keinen. Fossile Schädeldecken und Schädelknochen von Großprimaten können also markante Unterschiede aufweisen, wobei nicht immer klar ist, ob diese Unterschiede auf die große Variationsbreite innerhalb derselben Art und/oder zwischen Männchen und Weibchen zurückgehen. (Bei einem

* Beim Menschen variiert das Hirnvolumen zwischen 1100 – 1700 cm^3.

Gibbons sind schwanzlose Großprimaten. Sie bewegen sich auf dem Boden zweibeinig (bipedal), doch sie leben hauptsächlich auf Bäumen. Die langen Arme und ihre besondere Anatomie erlauben ihnen weite Sprünge von Baum zu Baum.

fossilen Knochen kann nicht analytisch bestimmt werden, ob das entsprechende Tier männlich oder weiblich war.)

Viele der «höheren Primaten» haben die Fähigkeit, sich auf die Hinterbeine aufzurichten und zweibeinig über kurze Strecken zu laufen. Gibbons bewegen sich am Boden fast immer zweibeinig (in gebückter Haltung). Dementsprechend haben all diese Tiere Bein- und Beckenknochen, die zeigen, dass auch ein beschränkter aufrechter Gang möglich ist. Die Fossilien legen die Vermutung nahe, dass die Fähigkeit des zweibeinigen Gehens bei den Großprimaten der früheren Zeitalter ausgeprägter war als bei den heutigen. Hier kommen wir zu einer wichtigen Erkenntnis:

Die Variabilität war früher größer als heute!

Was auf S. 81 über die Pottwale gesagt wurde, nämlich dass ihre Vorfahren in den früheren Erdzeitaltern «in viel größerer Vielfalt» existierten, trifft allgemein für jede mikroevolutive Entwicklung zu: *Die Variabilität innerhalb der Arten und Gattungen war früher größer als heute* (S. 49ff.). Dies gilt auch für die Primaten und die Menschen der vergangenen Zeitalter. Ihre Variabilität war größer, weil ihr Genom damals in der ursprünglichen und «vollständigen» Form vorhanden war, während das Genom der heutigen Tiere und Menschen durch die vielen Selektionslinien und durch sogenannte genetische Flaschenhälse «ausgedünnt» wurde.[7]

Wir müssen also damit rechnen, dass miozäne und pliozäne Affen eine vielseitigere Fortbewegungsart hatten als die heutigen Affen, also «auf den Hinterbeinen» sicherer waren. Dieser an das Leben in der Savanne angepasste Gang wäre dann auch in der Form der Bein- und Beckenknochen sichtbar. Ebenso können die Schädel einiger Gattungen und Arten von Affen etwas größer gewesen sein, mit entsprechenden Adaptionen. Wenn Darwinisten davon ausgehen, dass in einem Zeitraum *von Millionen von Jahren* Affen zu Menschen werden konnten, dann ist die Ansicht, dass die urzeitlichen Großprimaten eine vielseitigere Variationsbreite hatten als die heutigen, nicht abwegig, sondern eigentlich viel plausibler.

In der darwinistischen Anthropologie werden unterschiedlich ausgeprägte Details bei Schädeln und Skelettresten von «Hominiden» schnell als menschenähnlich bezeichnet, weil dies den Erwartungen der Evolutionstheorie entspricht. Man glaubt an eine «Hominisation» (Menschwerdung) der urzeitlichen Großprimaten und interpretiert die Fossilien durch diese Brille. Erinnern wir uns an das Beispiel der Ruineneidechsen (S. 100f.): Der klimatische Unterschied zwischen dem Lebensraum auf den beiden Adria-Inseln war viel geringer als die Unterschiede zwischen den einzelnen Erdepochen im Lauf von Millionen von Jahren. Doch nur schon dieser relativ geringe Unterschied führte zu schnellen, nicht-linearen Adaptionen mit genetisch festgeschriebenen Körperveränderungen. Genau das gleiche – nur in größerem Ausmaß – zeigen die Fossilien: Im Lauf der Erdepochen haben viele Tiergattungen innerhalb des breiten Spektrums von Mikroevolution extrem variierende Entwicklungen durchlaufen. Miozäne und pliozäne Großprimaten können also durchaus etwas größer und von der Skelett- und Schädelstruktur her anders geartet gewesen sein als die heutigen Großprimaten, aber das macht sie nicht zu Menschenvorfahren.

Fazit: *Jeder scheinbare Beweis für die Evolutionstheorie lässt sich auch anders erklären.* Keiner dieser Beweise ist ein echter Beweis, sondern eine Interpretation mit der Absicht, die biologischen Fakten der Anatomie, Genetik usw. auf eine solche Weise zu erklären, dass sie der Evolutionstheorie entsprechen. Dasselbe gilt für die angeblich bewiesene Zeitskala der heutigen Geologie. Die Berechnungen über die radiometrischen Datierungen sind höchst unzuverlässig, wenn nicht sogar rundweg falsch, da sie auf Annahmen beruhen, deren Richtigkeit nicht überprüft werden kann. Wir können über die Verhältnisse auf der Erde vor 500 und 1000 und 4000 Millionen Jahren nur spekulieren. Die moderne Wissenschaft projiziert physikalische Rückschlüsse gemäß den *heutigen* Messwerten in diese ferne Vergangenheit und geht davon aus, dass nie unbekannte Faktoren einwirkten. Wir müssen jedoch davon ausgehen, dass in gewissen Phasen der Erdgeschichte (bei den Übergängen der großen Erdzyklen) die «Karten» auf allen Ebenen neu gemischt wurden: tektonisch, atmosphärisch, physikalisch, chemisch.

Hinzu kommt, dass die radiometrischen Datierungen vollständig davon abhängig sind, dass die Anfangsmenge des heute gemessenen Isotopenanteils *null* war – was in keiner Weise garantiert ist. Ebenso beruhen die Rückrechnungen über die «molekulare Uhr» auf fragwürdigen Annahmen, insbesondere auf dem Glauben, dass das darwinistische Modell der Realität entspricht. Das heißt, man geht *a priori* davon aus, dass der Mensch von den Primaten abstammt, dann «berechnet» man, wann sich die Linie der ersten Vormenschen von der Linie der urzeitlichen Großprimaten abgespalten habe, und interpretiert die Fossilien dementsprechend. Mit solchen vorgefassten Ansichten wird ein Bild der Vergangenheit konstruiert, das auf einem materialistischen Weltbild beruht. Wenn die Grundannahmen dieses Weltbildes jedoch falsch sind, war die Vergangenheit *ganz anders,* als uns von darwinistischer Seite vorgerechnet wird …

Kapitel 10

Die Entstehung der Menschen: War alles ganz anders?

Wie in Kapitel 9 dargelegt, war die Vielfalt der Großprimaten in den früheren Erdzeitaltern viel breiter gefächert als heute. Die meisten von ihnen hielten sich häufig auf Bäumen auf, insbesondere in der Nacht, um vor Raubtieren in Sicherheit zu sein. Während des Tages sprangen sie auch auf den Boden, wo sie sich auf allen Vieren fortbewegten. Aber sie konnten sich auch auf die Hinterbeine erheben und zweibeinig stehen oder laufen, und dies wahrscheinlich besser als ihre fernen Nachkommen, die heutigen Orang-Utans, Gorillas und Schimpansen. Diesen Schluss legen die fossilen Knochen der miozänen und pliozänen Großprimaten nahe. Ihre Becken- und Beinknochen lassen eine verstärkte zweibeinige (bipedale) Fortbewegung erkennen, weshalb die darwinistische Anthropologie meint, aus diesen Primaten seien im Lauf von Jahrmillionen Menschen geworden.

Die Frage, ob urzeitliche Großprimaten durch Mutationen zu Menschen wurden, stellt sich nur, weil wir bereit waren, alle Schritte des materialistischen Weltbildes mitzumachen, angefangen mit dem Glauben an die Entstehung des Lebens aus Materie. Weil all diese Schritte aber nur hypothetisch sind, fehlt den Theorien der darwinistischen Anthropologie auf allen Ebenen die Grundlage. Und dieser letzte Schritt – die Frage nach der Entstehung des Menschen – ist der größte, denn hier geht es nicht nur um neue genetische Informationen, sondern auch um die Frage des Bewusstseins, der Selbstwahrnehmung und der Fähigkeit zu denken usw.

Der aufrechte Gang

Die Körperstruktur, die ein dauerhaftes aufrechtes Gehen ermöglicht, unterscheidet sich kategorisch von jener der Großprimaten, die sich nur gelegentlich auf zwei Beine erheben. Die Menschen haben ein andersgeartetes Skelett: vom Schädel über die Wirbelsäule und die Beckenknochen bis hin zu den Hüft- und Kniegelenken und den Füßen. Ebenso ist der Schwerpunkt anders gelagert (senkrecht oberhalb der Auftrittsfläche der Füße), weil das Foramen magnum* zum Zentrum hin positioniert ist. Bei den Primaten ist der Schädelansatz nach hinten verschoben, was beim Gehen auf zwei Beinen eine gebückte Körperhaltung bewirkt.

Die aktuelle Lehrmeinung tendiert zur Annahme, dass die zweibeinige Fortbewegung auf den Bäumen begann: Die «Hominiden» hätten sich an höheren Ästen festgehalten und aufgerichtet, um zweibeinig über die tragenden Äste zu gehen, so wie Orang-Utans, Schimpansen usw. dies auch heute noch tun. Als sich bei einem großen Klimawandel die Wälder lichteten und die Savannen sich ausbreiteten, hätten sich die «hominiden» Affen nicht mehr von Baum zu Baum schwingen können, weshalb sie gezwungen waren, längere Strecken auf dem Boden zurückzulegen, und so sei es geschehen, dass sie sich vermehrt zweibeinig bewegten – und schließlich zu Menschen wurden! Das Hirn sei gewachsen, weil die Hominiden als neuer Teil ihrer Ernährung auch Aas fraßen, und diese zusätzlichen Proteinschübe hätten dann insbesondere neuronale Mutationen verursacht.

Es ist unbestritten, dass sich das Klima im Lauf der letzten zehn Millionen Jahre mehrfach drastisch verändert hat. Aber selbst wenn obiges Szenario stimmt, wären die «Hominiden» einfach zu laufstarken Affen geworden, aber nicht zu Menschen.

---

* Foramen magnum: die große Öffnung auf der Unterseite des Schädels, wo die Wirbelsäule den Kopf trägt und Rückenmark und Gehirn ineinander übergehen.

Phantasie und Wunschdenken

Auch überzeugte Evolutionstheoretiker geben zu, dass die Primaten, die sie als Menschenvorfahren bezeichnen, faktisch Tiere sind, von denen sie annehmen, dass sie zu Menschen wurden – weil ihre Theorie diese Schlussfolgerung vorgibt:

> Die Indizien weisen darauf hin, dass die frühen Homininen so vielfältig waren wie jede andere Gruppe von großen Säugetieren. Unter all dieser Vielfalt musste es jedoch einige wirkliche Vorfahren gegeben haben, und da die Natur des Menschen so ist, wie sie ist, ist jeder bestrebt zu versuchen, [aus den Indizien] irgendwie herzuleiten, welche der fossilen Spezies diese Rolle eingenommen haben könnte, falls überhaupt eine dieser fossilen Spezies ein Menschenvorfahr war.[1]

Der Verfasser dieses Textes weist zurecht auf die Natur des Menschen hin: Es sind immer die persönlichen Überzeugungen, die bestimmen, wie man die Welt sieht und – in der Anthropologie – die Fossilien interpretiert. Wer an den Darwinismus glaubt, ist bestrebt, unter den urzeitlichen Großprimaten irgendwelche Kandidaten zu finden, die für die Rolle des Menschenvorfahren in Frage kommen.

Ein typisches Beispiel hierfür ist der niederländische Arzt Eugène Dubois (1858–1940), der als erster auszog, um das von Darwin erhoffte Missing Link zwischen den Primaten und den Menschen zu finden. Dubois war Lektor für Anatomie an der Universität Amsterdam, aber er verzichtete auf eine Karriere als Professor, weil er seiner paläontologischen Obsession nachgehen wollte. So ließ er sich als Militärarzt nach Südostasien beordern und weilte von 1887 bis 1890 auf Sumatra. Seine dortigen Ausgrabungen brachten aber nur Säugetierknochen zum Vorschein. 1890 begab er sich auf die Insel Java, wo er ein Jahr später in der erodierten Seitenwand eines Flussbettes ein Schädeldach fand, das dem eines großen Primaten glich. (Heute ist dieses Schädelfragment unter dem Namen Trinil-Schädel bekannt, weil sich die Fundstelle in der Nähe des Dorfes Trinil befand, am Ufer des Flusses Solo oder Bengawan.) 1892 fand er in derselben Schicht, aber 15 m vom

Fundort des Schädeldaches entfernt, einen Oberschenkelknochen, der eindeutig von einem Menschen stammte. Aufgrund der Distanz von 15 m war nicht anzunehmen, dass beide Skelettteile demselben Individuum gehörten, aber Dubois argumentierte, dass sie von Vertretern derselben Spezies stammen, so wie auf einem Friedhof alle Knochen von Vertretern der Spezies «Mensch» stammen. Er fügte beide Skelettteile zu einem einzigen Wesen zusammen und nannte seine Konstruktion *Pithecantropus erectus* («aufrechtgehender Affenmensch»).

Der Trinil-Schädel gehörte einem Wesen, dessen Gehirnvolumen mit 850–900 cm³ größer war als das der heutigen Großprimaten. Das Schädeldach zeigte auch Spuren von zwei Stirnhöhlen, wie sie beim Menschen zu finden sind, aber auch bei den Schimpansen und Gorillas.[2] Die Stirn ist sehr flach, und das geknickte Nackenbein endet in einem deutlichen Querkamm, wo offensichtlich eine starke Nackenmuskulatur ansetzte. Dubois war sich bewusst, dass all diese morphologischen Merkmale darauf hinwiesen, dass er die Schädeldecke eines ausgestorbenen Affen gefunden hatte – aber eben eines Affen, der zu den Vorfahren der Menschen gehörte, wie er bis zu seinem Tod überzeugt war. 1937 schrieb er:

> Pithecanthropus [der Java-Mensch] war kein Mensch, sondern gehörte zu einer großgewachsenen Gattung, die mit den Gibbons verwandt ist, doch diese Gattung stand über den Gibbons, weil sie ein außerordentlich großes Hirnvolumen hatte und sich gleichzeitig auch von den Gibbons unterschied, da sie die Fähigkeit hatte, eine aufrechte Körperhaltung anzunehmen und aufrecht zu gehen.[3]

In den späten 1930er Jahren wurden auf Java weitere fossile Reste dieser ausgestorbenen Spezies gefunden. Sie wird heute der Kategorie *Homo* (Homo erectus) zugeordnet: *Homo erectus javanicus.*

Bei den «Homininen» ist die Einordnung Affe oder Mensch immer umstritten, denn sie ist von der Bewertung der affenähnlichen und menschenähnlichen Eigenschaften abhängig. Die darwinistische Anthropologie neigt dazu, die «menschenähnlichen» Eigenschaften hervorzuheben und diese als Indiz dafür zu nehmen, dass die fraglichen Großprimaten Menschenvorfahren oder bereits «Urmenschen» waren.

Australopithecus: die «Südaffen»

Für Jahrzehnte galten die nur fossil bekannten Großprimaten der Linien Ramapithecus, Sivapithecus und Australopithecus als die ältesten Homininen. Sie wurden *pithecus* («Affe») genannt, wurden aber als die ältesten Vorfahren der Menschen bezeichnet. Aufgrund von weiteren Knochenfunden befinden sich Sivapithecus und Ramapithecus heute nicht mehr im darwinistischen Stammbaum der Menschen. Sie gehören zu ausgestorbenen Seitenästen des Stammbaumes der heutigen Affen. Umstrittener ist die Position des Australopithecus, des «Südaffen», so benannt von Raymond Dart, der 1924 in Südafrika erstmals Reste dieser Primatengattung fand. Dart erkannte natürlich, dass der Schädel affenähnlich war, sagte aber, man könne bei den Zähnen menschenähnliche Formen entdecken, was bedeute, dass er nicht einfach einen Affen, sondern einen *Vorfahren des Menschen* entdeckt habe.

Die Südaffen (Australopithecinen) lebten vor rund 4 bis 2 Millionen Jahren in Süd- und Ostafrika. Bei aufgerichtetem Körper waren die Weibchen 1 bis 1,2 m groß, die Männchen 1,3 bis 1,5 m. Ihr Gehirnvolumen bewegte sich mit etwa 400 bis 550 cm^3 im oberen Bereich der heutigen Schimpansen und Bonobos.

Anhand der Fossilien unterscheidet man heute rund zehn Arten bzw. Unterarten von Australopithecinen, grundsätzlich die «robusten» und die «grazilen». Die robusten Formen starben aus, während die grazilen überlebten, weil sie Allesfresser waren. Ein typischer Vertreter der grazilen Form war *Australopithecus africanus* und gilt damit als ein homininer Vorfahre der Menschen. «Allerdings besaß *Australopithecus africanus* noch relativ lange Arme, so dass sein Gang mit dem der modernen Paviane vergleichbar gewesen sein könnte, wenngleich er häufiger aufrecht gegangen sein dürfte als diese.»[4] Der berühmteste Australopithecus ist «Lucy».

«Lucy», die Ikone der darwinistischen Anthropologie

1974 entdeckte der bis dahin unbekannte Donald Johanson in der Nähe von Hadar (Äthiopien) ein zu 40% vollständiges Skelett eines etwa 1,1 m großen Primaten, der im jungen Erwachsenenalter gestorben war. Johanson war überzeugt, dass sein Fund von einem hominінen Primaten, also von einem Menschenvorfahren stammte, und er nannte seinen Star «Lucy» (nach dem Lied der Beatles *Lucy in the Sky with Diamonds*). «Lucy» gilt heute als Paradebeispiel für eine Übergangsform zwischen den pliozänen Affen und den frühen Menschen. Eine kritische Betrachtung zeigt jedoch auch hier, dass diese Interpretation von der vorgefassten darwinistischen Sicht geprägt ist.

1975 wurden in der Gegend von Hadar Skeletttteile mehrerer Primaten entdeckt, die zur gleichen oder einer ähnlichen Spezies gehörten wie Lucy. Auch diese Wesen wurden von Johanson sogleich als hominin eingestuft, und er nannte sie mit anthropomorpher Sprache «die erste Familie». Die Hadar-Wesen inkl. Lucy gehören zur Art *Australopithecus afarensis.* Ihr Schädel hat hervorstehende Überaugenwülste und hervorstehende Kiefer. Das Hirnvolumen (400 cm^3) bewegt sich *unter* dem Durchschnitt der heutigen Schimpansen und Gorillas. In einem Artikel über die Kontroverse um die Einordnung der Hadar-Fossilien schrieben die Anatomen Jack T. Stern und Randall Susman: «Eine Zusammenfassung der morphologischen und funktionellen Ähnlichkeiten der Handfossilien der Hadar-Wesen führt unumstößlich zum Bild einer dem Hangeln angepassten Hand, die auf eine überraschende Weise den Händen gleicht, die wir im unteren Bereich der Größenskala Bonobo – Schimpanse finden.»[5]

Die Form der Wirbelsäule und der Beinknochen des *Australopithecus afarensis* legt ebenfalls den Schluss nahe, «dass der

Evolutionstheoretiker konstruieren aus Affen- und Menschenfossilien eine hypothetische Entwicklungslinie, indem sie urzeitliche Affen als Menschenvorfahren und urzeitliche Menschen als Affenabkömmlinge darstellen. Die Vielfalt der Großprimaten und der Menschen war in den früheren Zeitaltern jedoch viel größer als heute. Einige der ausgestorbenen Großprimaten hatten Skelettmerkmale, die heute aus darwinistischer Sicht als «menschenähnlich» interpretiert werden, insbesondere die Fähigkeit zum sporadischen Gehen auf zwei Beinen. Die Annahme, dass ihre Nachkommen deswegen zu Menschen wurden, beruht nicht auf Fakten, sondern auf Interpretationen, die einem materialistischen Weltbild entspringen.

aufrechte Gang dem des Schimpansen oder Klammeraffen ähnlich war […].»[6] Die fossilen Reste zeigen, dass die Finger und Hände sogar im Vergleich mit den heutigen Menschenaffen sehr gekrümmt waren. Diese Primaten lebten hauptsächlich in den Bäumen, hatten aber eine vielseitig angepasste Fortbewegungsart (S. 112f.), sowohl auf den Hinterbeinen als auch auf allen Vieren. Wenn sie sich am Boden auf allen Vieren bewegten, taten sie dies anscheinend mit dem für Großprimaten typischen Knöchelgang.* «*Australopithecus anamemsis* und *Australopithecus afarensis* – zu Letzteren gehört das berühmte Skelett namens Lucy – hatten Handgelenke, welche die Hand beim Knöchelgang entsprechend ‹einrasten› ließen.»[7]

* Als Knöchelgang bezeichnet man die Fortbewegung der afrikanischen Gorillas und Schimpansen auf allen Vieren, bei der die vorderen Extremitäten mit der Rückseite der mittleren Fingerglieder aufgesetzt werden.

Die Fußspuren von Laetoli

Obwohl die Knochen der Australopithecus-Arten zeigen, dass diese rund 1,2 m großen Wesen affenähnliche Hände und Füße hatten, werden die Südaffen heute vielerorts als behaarte, aufrechtgehende «Vormenschen»* mit affenähnlichem Kopf und menschenähnlichen Füßen dargestellt. Als Begründung werden die Fußspuren von Laetoli (Tansania) angeführt.

1976 entdeckte der Paläontologe Andrew Hill im Tuffboden von Laetoli versteinerte Spuren von vierbeinigen Tieren und von Vögeln. In den folgenden drei Jahren wurden auch Menschenspuren entdeckt, die zum Teil ebenfalls direkt an der freien Oberfläche lagen. Die Fußspuren gingen über eine Strecke von 24 m. Sie stammten von drei Personen, wobei die eine – mit kleinen Füßen, also ein Kind – in einer der Erwachsenenspuren folgte. Die Erwachsenen hatten unterschiedlich große Füße und stammten wahrscheinlich von einem Mann und einer Frau. Alle drei gingen mit normalen Links-Rechts-Schritten, und die Form der Füße war identisch mit den Abdrücken moderner Menschen.

Der Anthropologe Tim White sagte über die Laetoli-Fußabdrücke Folgendes:

> Sie gleichen den Fußspuren des heutigen Menschen. Wenn wir heute einen dieser Abdrücke im Sand von Kalifornien sähen und einen Vierjährigen fragen würden, was das sei, würde er sofort antworten, dass hier ein Mensch entlang gegangen sei. Weder das Kind noch Sie könnten diese Spur von hundert anderen Spuren am Strand unterscheiden.[8]

> Die nicht verwitterten Spuren zeigen ein morphologisches Muster wie von heutigen Menschen. [...] Erste Beobachtungen und Experimente zeigen, dass sich die hominiden[!] Laetoli-Spuren am Fundort G nicht grundlegend von heutigen menschlichen Spuren in ähnlichem Untergrund unterscheiden.[9]

---

* Die darwinistische Anthropologie bezeichnet die Australopithecinen als «Vormenschen», *Homo habilis* und *Homo rudolfensis* als «Urmenschen», die ersten echten Menschen als «Frühmenschen» und den *Homo sapiens* als «Jetztmenschen» oder «moderne Menschen».

Die Spuren waren in feuchter Vulkanasche entstanden, die dann erhärtete. Gemäß der radiometrischen Datierung mit der Kalium-Argon-Methode ist diese Oberflächenschicht 3,7 Millionen Jahre alt. In ihr waren Spuren von kleinen Affen, Antilopen, Elefanten, Nashörnern, Pferden, Hasen usw. und sogar die Krabbelspuren eines Käfers und die Spuren von aufklatschenden Regentropfen konserviert worden …[10]

«Nach Abschluss der wissenschaftlichen Untersuchung wurden die Fußabdrücke 1979 zum Schutz vor Witterungseinflüssen abgedeckt.»[11] Die Spuren lagen direkt an der Oberfläche oder waren nur von einer dünnen Gras- und Erdschicht bedeckt. Für 3 700 000 Jahre sollen in dieser Exponiertheit sogar Käferspuren und Regentropfenspuren erhalten geblieben sein, und nun mussten plötzlich die viel weniger filigranen Menschenfußspuren «vor Witterungseinflüssen» geschützt werden! Sind diese Spuren tatsächlich so alt? Die Vermutung liegt nahe, dass die radiometrische Methode eine völlig falsche Altersangabe ausgespuckt hat (S. 107f.).

Da die darwinistische Wissenschaft die radiometrische Methode nicht anzweifelt, akzeptiert sie das angebliche Alter dieser Oberflächenschicht. Damit stellt sich aber folgendes Problem: Wie kommen Fußabdrücke von modernen Menschen in eine solch alte Schicht? Weil es damals im Pliozän nur Australopithecinen als Menschenkandidaten gegeben hat, werden die Laetoli-Fußspuren diesen Südaffen zugeordnet, und es wird verkündet, damit sei bewiesen, dass die Südaffen nicht einfach Affen waren, sondern «Vormenschen» mit modernen Füßen und affenähnlichen Köpfen! So ist im Linder-Biologielehrbuch zu lesen:

> Australopithecus afarensis […] Der erste Fund ist unter dem Namen «Lucy» bekannt geworden. Von dieser Art stammen auch 3,7 Millionen Jahre alte Fußabdrücke aus Laetoli, die den aufrechten Gang belegen.[12]

Obwohl Darstellungen von affenähnlichen «Vormenschen» heute in allen Schulbüchern zu finden sind, existieren in der Fachwelt auch kritische Stimmen:

> Australopithecus afarensis war wahrscheinlich fähig, sich über kurze Distanzen effizient auf zwei Beinen fortzubewegen [...] Dies kann jedoch in Frage gestellt werden, da Funde von Fußknochen des Australopithecus darauf hinweisen, dass die Laetoli-Fußabdrücke möglicherweise nicht vom Australopithecus stammen.[13]

Im Februar 2011 wurde der Fund von 49 neuen Knochen des *Australopithecus afarensis* publiziert, darunter auch ein Mittelfußknochen (Archiv-Nummer AL 333-160), von dem abgeleitet wurde, dass der gesamte Fuß eine Art von Längsgewölbe und Quergewölbe hatte. Das wiederum wurde so gedeutet, dass dieser Fuß einem Wesen gehörte, das häufig aufrecht ging, also hauptsächlich in der Savanne lebte.[14] Aber solche Schlüsse sind immer unsicher. Stammen all diese Knochen tatsächlich von Lucy-Primaten? Wie gewiss ist die Altersangabe? Wie stark sind diese Interpretationen von darwinistischen Konzepten beeinflusst?

Diorama-Darstellung eines Australopithecus afarensis («Lucy») im CosmoCaixa, Museum der Wissenschaften, von Barcelona. Dieser 1,2 m große «Vormensch» wird hier mit menschenähnlichen Händen und Füßen dargestellt, und er hinterlässt Fußspuren wie die im Tuffboden von Laetoli. Die fossilen Knochen weisen jedoch darauf hin, dass die Hände und Füße dieses ausgestorbenen Großprimaten ähnlich wie die der heutigen Bonobos und Schimpansen waren. Aufgrund der Annahme, dass der Tuffboden von Laetoli 3,7 Millionen Jahre alt ist, wird argumentiert, dass die Fußspuren – obwohl sie aussehen wie die von modernen Menschen – von Australopithecinen («Südaffen») stammen müssen.

Die Vermischung von Affen und Menschen

Nach den Australopithecinen ist das nächste Glied in der hypothetischen Entwicklungslinie zum Menschen der *Homo habilis* („Mensch mit [menschlicher] Begabung"), womit eine Art von Großprimaten gemeint ist, von der angenommen wird, dass sie die erste war, die Steine als Werkzeug verwendete. Die Männchen waren aufgerichtet 1,2 bis 1,5 m groß, die Weibchen 1 bis 1,2 m.[15] Die Finger waren lang und gekrümmt wie bei Schimpansen, und die Arme waren länger als die Beine.[16] Das Gehirnvolumen von *«Homo» habilis* betrug 500 – 650 cm^3, das von *«Homo» rudolfensis* 700 – 750 cm^3 (Gehirnvolumen der heutigen afrikanischen Menschenaffen: 275 – 750 cm^3). *«Homo» rudolfensis* – benannt nach dem Fundort der Knochen am Rudolfsee (heute Turkana-See) in Kenia – ist eine umstrittene Spezies, die auch schon als Unterart der Australopithecinen bezeichnet wurde.[17] Die darwinistische Anthropologie neigt mehrheitlich dazu, sie in die Kategorie «Homo» einzureihen. Eine neutrale Interpretation jedoch legt nahe, dass *«Homo» habilis* und *«Homo» rudolfensis* zu heute ausgestorbenen Linien von Großprimaten gehörten.[18] 2007 veröffentlichte der Anthropologe Timothy Bromage von der Universität New York eine Rekonstruktion des Kopfes von *«Homo» rudolfensis,* die viel affenähnlicher ist als die optimistische Darstellung von Seiten der Entdecker. Ebenso wies er darauf hin, dass das Hirnvolumen beträchtlich kleiner als 750 cm^3 gewesen sein könnte.[19]

Mit einigen wenigen Schädel- und Skelettfragmenten aus Zeiten, die über *Hunderttausende von Jahren* verteilt sind, will die darwinistische Anthropologie eine Entwicklung von Tieren zu Menschen nachweisen und interpretiert alle Knochen gemäß dieser Idee. Dies zeigte sich auch 2012, als aus Afrika die Entdeckung von zwei Unterkiefern und eines Schädelfragments bekannt gegeben wurde – angeblich weitere Spuren des *«Homo» rudolfensis!*

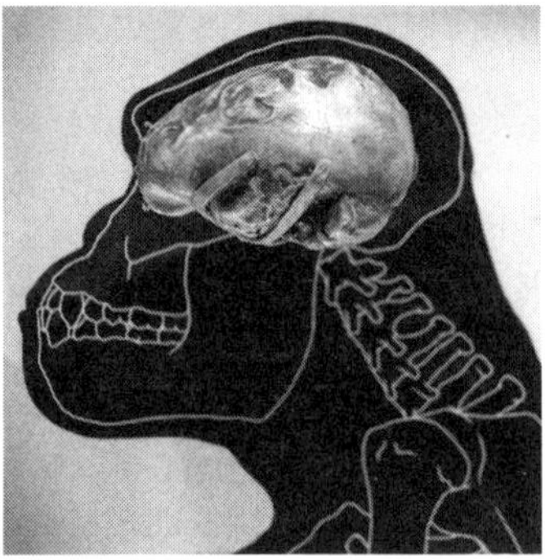

Links: Die als «Homininen» bezeichneten Primaten (Australopithecus, «Homo» habilis, «Homo» rudolfensis) hatten bei aufgerichteter Körperhaltung eine Größe von 1 m bis 1,5 m. Die Weibchen waren kleiner als die Männchen. Faktisch handelt es sich bei ihnen um pliozäne Arten von Großprimaten, die aufgrund der ursprünglich viel größeren Variabilität etwas «fortgeschrittener» und «menschenähnlicher» waren als die heutigen Großprimaten (Schimpansen, Gorillas, Orang-Utans). Diese Merkmale werden heute als Indizien für die Abstammung des Menschen von den Tieren gewertet.

Rechts: Kopf des Australopithecus afarensis («Lucy») mit deutlicher Großprimatenform. Ausstellungstafel in der Halle «Herkunft des Menschen» (Hall of Human Origins) im Smithsonian Museum of Natural History in Washington, D. C.

«Tim White jedoch, ein Paläontologe an der *University of California* in Berkeley, wendet ein, dass Leakey [die Entdeckerin] und ihre Kollegen den Karren vor das Pferd spannen. ‹Wie können diejenigen, die in diesem Forschungsbereich arbeiten, überhaupt auf die Idee kommen, dass es ihnen möglich sei, auf der Grundlage einiger Zähne, Kiefer- und Gesichtsknochen eine fossile Spezies richtig zu identifizieren – angesichts der großen Variation, die wir nur schon zwischen Individuen einer einzelnen *heute lebenden* Spezies feststellen?›»[20]

Moderate Darwinisten räumen ein, dass die genannten «Homininen» keine Menschen waren und dass „das früheste Taxon, das die Kriterien [für die Gattung Homo] erfüllt, *Homo ergaster* bzw. der frühe afrikanische *Homo erectus* ist".[21]

Die echten Menschen

Betrachten wir nun die echten Menschen der Vorzeit. Diese finden wir in den Kategorien, die heute als *Homo ergaster*, *Homo erectus* und *Homo sapiens* bezeichnet werden. Auch bei den Menschen gilt, was wir bereits bei den Tieren, insbesondere bei den Großprimaten gesehen haben: *Die ursprünglichen Formen hatten eine viel größere genetische Variabilität als die Nachkommen der späteren Zeitalter.* Wir sind gewohnt, uns als die fortgeschrittenste Form der Menschen zu betrachten, weil die darwinistische Darstellung der Menschheitsentwicklung (S. 121) dies suggeriert, doch in Wirklichkeit sind wir späte und genetisch «ausgedünnte» Nachkommen unserer viel gen-reicheren Urahnen. «Von der ursprünglichen morphologischen und genetischen Merkmalsvielfalt der Gattung *Homo* hat mit dem heutigen Menschen nur ein Ausschnitt überlebt.»[22] Und dieser «Ausschnitt» umfasst immer noch eine erstaunliche biologische Menschenvielfalt!

Ein Grundprinzip ist, dass sich die Form des menschlichen Körpers je nach Klimazone unterscheidet. Die indigenen Völker der nordischen Kältezonen sind von kleiner und gedrungener Statur. Menschen in äquatorialen Savannengebieten sind tendenziell graziler und oft auch hochgewachsen, wie die Massai in Ostafrika.

Je nach Klimazone verändert sich auch das Gehirnvolumen: In tropischen und heißen Ländern ist das Gehirnvolumen relativ klein, in kälteren Regionen nimmt das Volumen zu – was offensichtlich nur adaptive Veränderungen sind, die nichts mit der Intelligenz zu tun haben.[23]

All diese anatomischen Unterschiede waren bei den urzeitlichen Menschen noch viel ausgeprägter. Die Neandertaler waren von kleiner, gedrungener Statur, hatten aber ein Hirnvolumen, das *über* dem Durchschnitt der heutigen Menschen lag. Die Indizien weisen darauf hin, dass sie aus subpolaren Regionen stammten und Vorfahren oder ausgestorbene Vettern der Inuit waren.[24]

Die Menschen in heißen Savannen hatten ein kleineres Gehirn und dementsprechend eine niedrige flache Stirn. Charakteristisch war ihr massiver Schädelbau mit einem starken Unterkiefer als Adaption an die Ernährung in diesem Klima (Rohkost mit hartfaserigen Pflanzen, hartschaligen Samen und Früchten mit zähen Schalen). Zum massiven Schädelbau gehörten auch vorstehende Überaugenwülste, die dem Schutz der Augen vor der intensiven senkrechten Sonneneinstrahlung dienten. Werden heute Schädel von solchen «vorsintflutlichen» Menschen gefunden, projizieren die Anthropologen darwinistische Vorstellungen auf sie und zeichnen «Frühmenschen» als primitive Wesen. Aber sie waren nicht primitiv. Wir wissen von den heute noch lebenden indigenen Völkern, insbesondere von den Ureinwohnern Australiens, dass sie stark entwickelte Fähigkeiten der Intuition und der Telepathie haben. Es ist anzunehmen, dass die Menschen der früheren Zeitalter diese Fähigkeiten noch viel ausgeprägter hatten. Je «ausgedünnter» die Genlinien wurden und je mehr mit der Zeit der «Fortschritt» zunahm, desto mehr verloren die Menschen diese Fähigkeiten ... und die Erinnerung an ihre geistige Herkunft.

Die Neandertaler waren keine primitiven Menschen, sondern «Genies der Eiszeit» (Husemann, siehe Quellenverzeichnis, S. 160). Sie stellten Werkzeuge her, musizierten auf Flöten und hatten eine differenziert artikulierte Sprache, wie neueste Analysen eines Neandertaler-Zungenbeins ergeben haben.[25]

Links: Modelldarstellung im Museo de la Evolución Humana in Burgos, Spanien.

Ureinwohner Australiens: Das scheinbar urzeitliche Aussehen dieser Menschen (fliehende Stirn, Überaugenwülste) ist eine Adaption an ein heißes, trockenes Klima. Das Spektrum der Variationsmöglichkeiten der Menschen war früher noch viel größer als heute. Aber all diese Menschen waren zu 100% Menschen und waren nicht etwa primitiver als der moderne Homo sapiens, sondern nur «anders»: mit anderen Fähigkeiten, anderen Prioritäten, anderen Sichtweisen.

Bewusstsein, Sprache, Hautfarben

Der Mensch hat Bewusstsein und Selbstwahrnehmung (mit dem Potential für spirituelle Selbsterkenntnis), er kann denken, er hat ein historisches Zeitempfinden, usw. Und er kann verbal sprechen. Es würde den Rahmen des vorliegenden Buches sprengen, auf die darwinistischen Thesen zu all diesen Fragen einzugehen. Grundlegend besagen sie, dass das Hirn der «Hominiden» durch zufällige Mutationen zu einem Menschenhirn geworden sei, und als das Hirn eine genügend komplexe Form angenommen hatte, sei der Funke gesprungen, und «es» begann zu denken. Aufgrund des aufrechten Ganges habe sich der Kehlkopf verändert, wodurch langsam – wiederum zufällig – die Sprechorgane entstanden.

Die meisten Fragen über das Menschsein beinhalten metaphysische Aspekte, weil sie das Bewusstsein mit einschließen. Von den vielen möglichen Themen soll hier eines herausgegriffen werden, das nur physisch ist und scheinbar kein

Problem für die wissenschaftliche Erklärung darstellt: die Entstehung der verschiedenen Hautfarben und «Rassen» von Menschen.

Viele Forscher vermuten, dass die frühen Arten der Homininen unter ihrer Körperbehaarung eine weißliche Haut hatten, so wie die heutigen Schimpansen. Die ursprünglichen Afrikaner sind jedoch dunkelhäutig, und sie alle haben eine Variante des Gens MC1R, das an der Hautpigmentierung beteiligt ist. Gemäß einer Studie von Forschern der *University of Utah* existiert diese Variante seit 1,2 Millionen Jahren, und die These lautet, dass damals die Hominiden nur noch eine dünne Körperbehaarung hatten, weshalb durch eine Mutation die Haut dunkler wurde.[26]

> Wir sind die einzigen Primaten mit weitgehend nackter Haut. Schimpansen sehen unter dem Haarkleid hell aus. Da sie sich in den letzten mindestens 7 Millionen Jahren, seit sich unsere Abstammungslinien trennten, vermutlich wenig verändert haben, darf man vermuten, dass auch der letzte gemeinsame Vorfahre hellhäutig war. [... Es] ist anzunehmen, dass die Hominiden erst eine insgesamt dunklere Haut bekamen, als ihr Haarkleid verschwand.[27]

Irgendwie, so sagt das darwinistische Szenario, verloren bestimmte Primaten Schritt für Schritt das Fell. Weil diese hellhäutigen Primaten aufgrund ihrer Mutationen einen besonders anstrengenden Kampf ums Dasein führen mussten und weil dies in Afrika geschah, entstand für diese Tiere die Gefahr von Überhitzung und Hitzeschlägen! «Die Lösung bei den Frühmenschen war Kühlung des Körpers und des zirkulierenden Blutes durch kräftiges Schwitzen. Die Zahl der Schweißdrüsen stieg an, und damit der Schweiß schnell verdunstete und Kühlung brachte, musste die Behaarung zurückgehen [...]»[28]

Der Glaube, dass eine Linie von behaarten Tieren durch Genmutationen zu Menschen wurde, nimmt hier fast schon witzige Formen an. Die armen Tiere kamen buchstäblich ins Schwitzen, aber nur deshalb, weil sie sich auf dem Weg der Menschwerdung befanden. So warfen sie das Fell noch mehr ab und bekamen zum Glück auch gleichzeitig die erforderliche

Anzahl von Schweißdrüsen (und Hirnzellen und Knochenveränderungen für den aufrechten Gang usw.). Die hellhäutigen Cousins der Schimpansen wurden zu schwarzhäutigen «Frühmenschen» und im Verlauf von weiteren Hunderttausenden von Jahren zum Homo sapiens.

Eine Weiterentwicklung dieser Theorie, die im Februar 2014 veröffentlicht wurde, lautet: «Evolution der Hautfarbe: Alle Weiß, dann alle Schwarz, dann ein paar wieder Weiß.»[29] Diese von Mel Greaves, einem Professor für Zellbiologie, aufgestellte Theorie stützt sich auf Studien an afrikanischen Albinos, die zeigen, dass sie besonders anfällig für Hautkrebs sind. Prof. Greaves schließt daraus, dass sich vor zwei Millionen Jahren bei den mittlerweile haarlos gewordenen Hominінen grundlegende Mutationen einstellten. Diejenigen Urmenschen, die eine helle Haut hatten, starben aufgrund von Hautkrebs aus, weil die natürliche Selektion unter der heißen Sonne Afrikas nur die dunkleren Hautfarben überleben ließ. Die Evolution sei in der Frühphase der Menschheit also durch den Krebs vorangetrieben worden.[30] Als einige dunkelhäutige Frühmenschen vor 100 000 Jahren Afrika verließen und in kühlere Regionen zogen, sei die Hautfarbe wieder zurückmutiert, weil eine helle Haut für die Assimilation von Vitamin D durch Sonnenstrahlen geeigneter ist als eine dunkle.

Gemäß dieser Theorie entstanden die verschiedenen «Rassen» und Hautfarben dadurch, dass Frühmenschen Afrika verließen und in weniger heiße Klimazonen zogen, was allmählich zu Mutationen in der Pigmentierung geführt habe. Aber die weiß-, gelb-, braun- und rothäutigen Menschen sind nicht einfach bleiche Afrikaner, sondern eigene Menschentypen. Außerdem ist das Klima in großen Teilen Europas und Asiens gleich. Warum entwickelten sich aus den dunkelhäutigen Frühmenschen in diesen ähnlichen Klimazonen unterschiedliche Menschentypen mit kaukasischen bzw. asiatischen Körpermerkmalen?

Klimatische Einflüsse allein reichen als Erklärung für die Existenz der unterschiedlichen Menschenlinien und Hautfarben offensichtlich nicht aus. Hinzu kommt, dass genetische Untersuchungen, die 2012 im Fachjournal *Advances in Anthropology* veröffentlicht wurden, die «Out-of-Africa»-Theorie in Frage stellen:

> Es liegt nun eine kritische Datenmenge vor, die das «Out-of-Africa»-Modell widerlegt. [...] Diese Daten [...] zeigen unbestreitbar, dass nichtafrikanische Menschen, Träger der Haplogruppen C bis T, nicht von den «afrikanischen» Haplogruppen A oder B abstammen. [...] Auf der Grundlage von paläoarchäologischen Befunden lässt sich sagen, dass die anatomisch modernen Menschen wahrscheinlich aus jenem Großraum stammen, der sich von Zentraleuropa im Westen bis in die Osteuropäische Ebene *(Russian Plain)* im Osten und in die Levante im Süden erstreckt. Jedes dieser Gebiete ist bekannt für die Entdeckung von ältesten Skelettresten moderner Menschen, die ein Alter von 42 000 - 44 000 Jahren haben.[31]

Warum die Menschen in ähnlichen Klimazonen markant unterschiedliche – kaukasische oder asiatische – Merkmale entwickelten, wird dadurch nicht erklärt. In der bekannten BBC-Dokumentation *The Human Journey* von 2010 wurde in Teil 3 («Asien») auch diese Frage aufgegriffen. Eine Computeranimation zeigt den Kopf eines Afrikaners, der zu einem Asiaten wird. Die darwinistische Erklärung dazu:

> Warum veränderte sich ihr Äußeres zum Zeitpunkt der letzten Eiszeit? Vielleicht spielte der Zufall eine Rolle. Zufällige Genmutationen führen zu neuen Merkmalen wie einer veränderten Haarfarbe oder Grübchen in der Wange. Häufig sind es die unverwechselbaren Merkmale einer Volksgruppe, die als attraktiv gelten. Vermehrt sich diese Gruppe, sind auch die besonderen Merkmale verbreiteter. Vielleicht sind die Mandelaugen sowie die flache Nase das Resultat eines evolutionären Prozesses: der sexuellen Auswahl *(sexual selection)*.[32]

«Vielleicht zufällige Mutationen.» «Vielleicht das Resultat von sexueller Selektion.» Offensichtlich herrscht sogar bei den scheinbar einfachen Fragen bezüglich der ethnischen Vielfalt der Menschen erhebliche Unklarheit, ganz zu schweigen also von der *Entstehung des Menschen.*

Mysterium Mensch

Die heutigen Menschen entsprechen, genetisch gesehen, nur noch einigen dünnen Linien aus dem ursprünglichen Genpotenzial der Gattung *Homo.* Der Mensch war am Anfang anscheinend ein neues Wesen mit perfekt «startbereitem» Genom, aus dem eine fast unendliche Vielfalt von mikroevolutiven Variationen hervorgehen konnte – und dieses neue Wesen soll, gemäß Darwinismus, über viele zufällige Genmutationen aus einer Linie von pliozänen Großprimaten hervorgegangen sein.

Wenn wir alle Unmöglichkeiten, die mit dieser Theorie verbunden sind, in Betracht ziehen, muss die Frage im Untertitel des vorliegenden Buches – «Stammt der Mensch von den Tieren ab?» – mit nein beantwortet werden. So stellt sich die Frage nach dem Ursprung des Menschen mit neuer Aktualität und Dringlichkeit. Wer waren die ersten Menschen? Wer sind wir?

Die heutigen Menschen haben – je nach genetischer Studie – 1% bis 11% «artfremde» DNS in sich. Die perplexen Forscher fragen sich, wie das möglich ist. Mit darwinistischen Szenarien wird argumentiert, dass während einer langen Zeit verschiedene Arten von Menschen nebeneinander auf der Erde lebten: von primitiven Menschen über den Neandertaler bis hin zum frühen *Homo sapiens.* Und so wird angenommen, dass Individuen aus diesen verschiedenen Linien sich paarten:

> Wie sich herausstellt, tragen die heutigen Menschen DNS-Anteile in sich, die sie von den Neandertalern und anderen archaischen Menschen geerbt haben, was zeigt, dass der frühe Homo sapiens mit diesen anderen Gruppen sexuell verkehrte und fruchtbare Nachkommen zeugte, die dieses genetische Vermächtnis über Tausende von Generationen weitergaben.[33]

Im Genom der heutigen Menschen finden sich Spuren von unbekannten archaischen Menschen! Diese sind ausgestorben, und ihre Gensequenz unterscheidet sich von allen bekannten lebenden und ausgestorbenen Menschen. Auch dies bestätigt die Tatsache, dass die Vielfalt und Variabilität der Menschen früher viel größer war als heute. Das Genom der frühen – und der ersten! – Menschen unterschied sich genauso kategorisch von dem der Großprimaten wie das Genom der heutigen Menschen. Gemäß der Evolutionstheorie sollten die ersten Menschen aber affenähnlich gewesen sein – was sie offensichtlich nicht waren.

Neue genetische Studien an afrikanischen Ureinwohnern offenbaren Spuren von unbekannten archaischen Menschen in der relativ nahen Vergangenheit.[34] Diese Entdeckung sorgte bei ihrer Veröffentlichung (2012) für einiges Aufsehen: «Der Stammbaum der Menschen hat soeben einen weiteren – geheimnisvollen – Ast bekommen», eine «afrikanische ‹Schwesterspezies›», die parallel zu den europäischen Neandertalern existierte, aber mit diesen nicht verwandt war.[35] Gemäß der molekularen Uhr soll diese Vermischung vor 20 000 bis 50 000 Jahren stattgefunden haben, also lange, nachdem die Menschen in Afrika und weltweit erschienen waren. «Die genetischen Restspuren gleichen keiner DNS von irgendwelchen Menschen der heutigen Zeit. Die fremde DNS ist auch anders als die DNS der Neandertaler, die sich heute in der DNS einiger Europäer nachweisen lässt [...]. Das bedeutet, dass die neu identifizierte DNS von einer unbekannten Gruppe stammt. [...] Diese rätselhafte Gruppe hinterließ ihre DNS quer durch ganz Afrika. Die Forscher fanden sie in den urwaldbewohnenden Pygmäen Zentralafrikas und in zwei Gruppen von Jägern und Sammlern auf der anderen Seite des Kontinents, bei Vertretern des Hadza- und des Sandawe-Stammes von Tansania.»[36]

Ähnliche Spuren finden wir auch in Eurasien, wie 2013 bekannt wurde:

> Aus Genom-Analysen geht hervor, dass es zwischen modernen Menschen, Neandertalern, Denisova-Menschen [aus Sibirien] und einer unbekannten archaischen Volksgruppe geschlechtliche Verbindungen gab. [...] Die Gene zeigen, dass die Denisova-Menschen sich mit einer anderen, ebenfalls ausgestorbenen Gruppe archaischer Menschen fortpflanzten. Diese lebte vor mehr als 30 000

> Jahren in Asien und unterschied sich vom Typ der modernen Menschen ebenso wie von den Neandertalern.[37]

Und das Rätsel geht noch weiter: Das Genom *aller* Menschen enthält genetisch «verdächtige» Spuren! Im menschlichen Genom lassen sich logisch strukturierte, algebraisch aufschlüsselbare Sequenzen und Spiegelsymmetrien finden, die nicht mit zufälligen Mutationen erklärt werden können. «In ihrer akkuraten und systematischen Ausprägung erscheinen diese zugrundeliegenden Muster als das Produkt von präziser Logik und nichttrivialen Rechenoperationen. [...] Der Umstand, dass dieses Muster zudem nur durch direkte logische Operationen extrahiert werden kann, lässt die Möglichkeit irgendeines natürlichen Ursprungs des Signals verschwindend gering erscheinen.»[38]

Dies schrieben zwei Wissenschaftler in einem Artikel, der im April 2013 im Astrophysikmagazin *Icarus* veröffentlicht wurde.* Ihre Aussage, die von ihnen entdeckten Muster im menschlichen Genom seien «das Produkt von präziser Logik», löste große Kontroversen aus, vor allem, weil sie dazu auch noch die Vermutung äußerten, es handle sich hier um eine «intelligente Botschaft im genetischen Code». Und abschließend fragten sie sich, wie diese Muster im Genom des Menschen entstanden sein könnten: «Es scheint so, dass dieses Signal vor mehreren Milliarden von Jahren außerhalb unseres Sonnensystems erdacht wurde.» Sie äußern dabei den Gedanken, dass dies auf eine galaktische Superspezies zurückgehen könnte, die bereits in den Uranfängen unseres Sonnensystems begann, die Samen des organischen Lebens in mikrobieller Form auszustreuen.[39]

Damit greifen sie eine Theorie auf, die bereits Francis Crick, der Nobelpreisträger und Co-Entdecker der DNS-Doppelhelix, als Idee ausformuliert hatte, die Theorie der «gelenkten

---

* Der Physiker Vladmir Schtscherbak von der Mathematischen Fakultät der Al-Farabi-Universität in Almaty, Kasachstan, und der Astrobiologe Maxim Makukov vom Fesenkov-Institut für Astrophysik (ebenfalls in Almaty).

Panspermie» *(Directed Panspermia):* «die Theorie, dass [Mikro]Organismen von intelligenten Wesen eines anderen Planeten mit Absicht auf die Erde übertragen wurden.»[40]

Es ist erstaunlich zu sehen, in welche Richtung die mutigsten Theorien der heutigen Wissenschaft gehen. Diejenigen, die erkennen, dass auch Mikroorganismen aufgrund der Komplexität ihrer Genstruktur und ihres organischen Aufbaus nicht zufällig entstanden sein können, sind sogar bereit zu glauben, die «präzise Logik» in der Genstruktur des Menschen gehe auf eine galaktische Superzivilisation zurück, von der die Entstehung aller irdischen Lebensformen ausgegangen sei. Damit wird die Frage der Entstehung des Lebens einfach in die Ferne der Galaxie delegiert. Wie sind die galaktischen Superwesen entstanden? Ebenfalls zufällig aus Materie?[41]

Angesichts solch spekulativer Hypothesen, die einen enormen Glauben an das Unmögliche erfordern, sollte es eigentlich nicht mehr allzu schwer sein, auch die Möglichkeit einer multidimensionalen Struktur des Kosmos in Betracht zu ziehen, mit intelligenten Lebewesen (Schöpferwesen) auf allen Dimensionsebenen. Diese eigentlich naheliegende und auch natürliche Erkenntnis führt uns zum Kern aller religiösen, indigenen und spirituellen Traditionen, wo sich ältestes Wissen und neuste Forschung in einer ganzheitlichen, nicht-materialistischen Wissenschaft treffen.

Ausblick

Neues Licht auf das Mysterium des Lebens

Das materialistische Weltbild beschränkt die Realität auf Energie und Materie und verneint die Multidimensionalität des Kosmos und erst recht die spirituelle Natur des Bewusstseins. Materialismus und Atheismus sind die eine Form der Einseitigkeit, dogmatische Religionen und monistische «Esoterik» die andere. Die Überwindung beider Einseitigkeiten nenne ich den «radikalen Mittelweg», weil hier die Ursachen der Spaltung und der Einseitigkeiten bis in die Wurzel (lat. *radix*) beleuchtet werden. Dadurch gelingt es uns, die konstruktiven Elemente aus den Religionen und den heutigen Wissenschaften zu einem höheren Gesamtbild zusammenzufügen, was zu einer neuen Wissenschaft führt, zu einer *Wissenschaft jenseits von Darwinismus und Kreationismus.*

Wie ich auf S. 13 «deklarierte», sehe ich die Grundlage dieser neuen Wissenschaft im Theismus (= ganzheitliche Spiritualität). Im Folgenden möchte ich kurz darlegen, wie sich dieses Weltbild vom Materialismus und Monismus unterscheidet, angefangen mit der Frage: Was ist eigentlich «Materie»?

Grobstoffliche und feinstoffliche Materie

Wenn wir das theistische Wissen der alten Kulturen in unsere moderne Sprache übersetzen, lassen sich drei grundlegende Erkenntnisse formulieren: die Realität des multidimensionalen Kosmos, der spirituelle Hintergrund der Materie, die geistige Herkunft des Menschen.

Alle religiösen, schamanischen und mystischen Traditionen der Welt, so unterschiedlich sie sein mögen, sagen über die Multidimensionalität der Materie das gleiche, nämlich dass es grundsätzlich zwei Ebenen gibt, sowohl im Mikrokosmos (die irdische Ebene unserer Existenz als Menschen) als auch im Makrokosmos:

- die physische Ebene: der grobstoffliche Körper / die unendliche Anzahl von Planeten, Sonnen, Galaxien usw.
- die metaphysische Ebene: der feinstoffliche Körper / die feinstofflichen (= höherdimensionalen) Welten.

Die höheren Dimensionsebenen sind für die meisten Menschen unsichtbar, das heißt, sie sind nicht sinnlich, aber sehr wohl *übersinnlich* wahrnehmbar. Um die höheren Realitäten wahrzunehmen, ist es erforderlich, dass wir unseren «sechsten» und «siebten» Sinn aktivieren – was jeder Mensch immer wieder erleben kann (Synchronizitäten, telepathische Eingebungen, Inspirationen usw.), selbst wenn dies nicht bewusst als eine Verbindung mit höheren Quellen wahrgenommen wird.

Unendlichkeit und Ewigkeit

Materie bringt sich ständig wandelnde Formen hervor, angefangen mit den zahllosen Universen. (Die altindischen Schriften sprechen hier vom Schöpfergott Vishnu, der die Universen ausatmet und einatmet.) Die Materie ist unendlich, sowohl im Großen wie im Kleinen. Jede Schneeflocke, jede Blüte, jedes Blatt, jeder Grashalm – jede natürlich entstandene Form, ob organisch oder anorganisch, ist einzigartig. Keine zwei sind gleich. Nur schon in unserer Erfahrungswelt ist die Vielfalt der materiellen Formen unendlich, und sie ist noch viel «unendlicher», wenn wir die Welt nicht nur horizontal, sondern auch vertikal betrachten, d. h. auch die höherdimensionalen Bereiche des Kosmos mit in Betracht ziehen.

Unendlichkeit bedeutet «unendlicher Raum» und «unendliche Zeit». Aber die Unendlichkeit ist noch nicht alles! Die Realität umfasst nicht nur die Unendlichkeit von Raum und

Zeit (Polarität), sondern auch das *Raumlose* und das *Zeitlose:* die Ewigkeit. Ewigkeit bedeutet nicht «unendlich lange Zeit», sondern Zeitlosigkeit, das spirituelle Sein jenseits aller Polarität von Raum und Zeit.

Die mystischen Wissenschaftler der früheren Zeitalter erkannten hierin den Schlüssel zum Mysterium des Lebens: Die Unendlichkeit der materiellen Schöpfung ist «eingebettet» in die Ewigkeit der raum- und zeitlosen spirituellen Welt.

Hinter jeder Form ist In-Formation

Gemäß dem theistischen Weltbild ist der spirituelle Urgrund der Materie Bewusstsein, «Gottes Geist», und dieser absolute Geist ist auch Intelligenz. In der Wirkung auf die Materie zeigt sich diese Intelligenz als *Information.* Form entsteht durch Information, und Information entsteht nicht einfach durch eine Selbstorganisation der Materie, sondern durch *Bewusstsein.* Da Gott die Ganzheit ist und sowohl Nondualität als auch Individualität umfasst, sind auch wir als Teile Gottes individuell (wörtl. «ungeteilt und unteilbar»), mit ewigem Bewusstsein und einem freien Willen. Das gilt für uns und für alle anderen Schöpferwesen des Universums.

Bewusstsein erzeugt in der Materie «Information», weshalb die Materie in jeder natürlichen Schöpfung immer intelligente, d.h. planvoll geschaffene Formen annimmt, angefangen bei der feinstofflichen Urform des Universums über die verschiedenen Stufen der kosmischen Verdichtung bis hin zur Ebene der dreidimensionalen Materie. Eine ganzheitliche Wissenschaft, die sowohl das Grobstoffliche als auch das Feinstoffliche in Betracht zieht, geht vom Schöpfungsprinzip der Materialisation aus: Materielle Formen entstanden (und entstehen) ursprünglich durch Materialisation auf der Grundlage der höheren Informations- und Bewusstseinsfelder, die letztlich alle im ewigen, spirituellen Urgrund ruhen.

Der Mensch, ein materialisiertes Lichtwesen

Der Mensch ist ein kosmisches Wesen – und der Kosmos ist multidimensional. Wie bereits erwähnt, ist nur schon unsere physische Welt unbegrenzt, weil die Grenzen fließend sind, sowohl im Kleinsten als auch im Größten. Obwohl eine Steigerung der Wörter «unbegrenzt» und «unendlich» gegen die Regeln der Logik verstößt, sagt das theistische Weltbild, dass die höheren Dimensionswelten noch unbegrenzter und noch unendlicher sind – bis hin zur ursprünglichen Lichtwelt, die direkt aus der spirituellen (ewigen) Welt hervorging. Aus der höchsten bzw. ersten Lichtwelt gingen stufenweise die anderen Dimensionswelten hervor, und mit ihnen die entsprechenden Lichtwesen (sanskr. *Devas,* hebr. *Elohim*) auf allen Stufen der Schöpfungsordnung.

«Am Schluss» kam es auch zu dem Schritt, dass Lichtwesen aus diesen höheren Welten durch eine Materialisation zu Menschen auf der Erde wurden. Die Kernerkenntnis in dieser ganzheitlichen Wissenschaft lautet: Der Mensch entstand durch eine «Involution», durch eine Materialisation von Lichtwesen.

Die Wissenschaft der Involution

Feinstoffliches kann durch die Einwirkung von Bewusstsein in Grobstoffliches verdichtet werden. Diesen Vorgang kennen wir unter dem Begriff «Materialisation». Involution* ist die Erweiterung des Konzepts der Materialisation und bedeutet: die Verdichtung von Lichtwelten und Lichtwesen aus den jeweils nächsthöheren Dimensionswelten heraus. Wenn in die-

* Involution: von lat. *involvere,* «einrollen; einwickeln; bedecken»; hier «Verdichtung; das sukzessive Einrollen, Hineingehen des Geistes in die Materie», was die damit verbundene, der jeweiligen Dimensionswelt entsprechende Verdichtung des Körpers miteinschließt. Auf der Stufe der höchsten Verdichtung führt dies zur Entstehung des physischen Körpers, wodurch Inkarnation (und Reinkarnation) möglich wird.

sen Schöpfungsschritten die Grenze vom Feinstofflichen zum Grobstofflichen überschritten wird, bewirkt die Involution eine *Materialisation.*

Involution ist ein interdimensional-hierarchischer Schöpfungsablauf: die sukzessive Verdichtung der zweiten Dimensionswelt aus der ersten, der dritten aus der zweiten bis hin zur siebten. Die siebte ist der für uns sichtbare Kosmos. (Traditionell wird von sieben «Welten» bzw. Schöpfungsebenen gesprochen.)

Die Theorie der Involution ist genauso wissenschaftlich wie die der Evolution, nur gehen beide von unterschiedlichen Weltbildern aus:

- «Evolution» ist eine wissenschaftliche Theorie auf der Grundlage materialistisch geprägter Weltbilder.
- «Involution» ist eine wissenschaftliche Theorie auf der Grundlage von Weltbildern, die über den Materialismus hinausgehen.

Gemäß der Theorie der Involution entstand der Mensch im Abbild der Lichtwesen, indem diese ihren Lichtkörper bis auf die Ebene der organischen Materie verdichteten. Die altindischen Quellen sagen, dass diese Menschwerdung im ersten Zeitalter (Satya-Yuga) stattfand, vor rund 4 bis 2,5 Millionen Jahren.

Die Themen der Involution und der geistigen Herkunft des Menschen haben das Potential, unser Wissen zu revolutionieren und unsere spirituelle Erinnerung zu reaktivieren. Eine vielseitig fundierte Hinführung zur Wissenschaft der Involution mit all den faszinierenden neuen Perspektiven für die Archäologie, Biologie, Psychologie, Menschheitsgeschichte usw. bis hin zu den aktuellen Fragen bezüglich des Zeitgeschehens und der spirituellen Hintergründe unseres Lebens findet sich im Buch *«Ihr seid Lichtwesen» – Ursprung und Geschichte des Menschen.*

Anmerkungen

Einleitung

1. Siehe Quellenverzeichnis S. 161ff., insbesondere: Junker/Scherer (Hrsg.), *Evolution – Ein kritisches Lehrbuch* (2013); evolutionslehrbuch.info und eklb.info. Viele Ausführungen im vorliegenden Taschenbuch stützen sich auf dieses hervorragende Buch, weshalb ich es hier kurz vorstellen möchte. Das Besondere an diesem Lehrbuch ist, dass die Autoren untersuchen, wie weit die verschiedenen Thesen der Evolutionstheorie die Fakten und Beobachtungen zu erklären vermögen. Das sachliche Pro und Kontra macht immer wieder deutlich, wie hypothetisch und unwahrscheinlich die Grundannahmen der Evolutionstheorie sind. Gleichzeitig zeigen die Autoren, wie wissenschaftliche Diskussion und Interpretation auseinandergehalten werden sollten. Dies tun sie, indem sie ihre kreationistischen Erklärungsansätze als Kastentext vom Buchtext abgrenzen und als «Grenzüberschreitung» betiteln. Genau dasselbe müssten auch die Evolutionstheoretiker als Vertreter des materialistischen Weltbildes tun – was meistens jedoch nicht der Fall ist. Vielmehr vermischen sie die biologischen Fakten mit den Thesen der Evolutionstheorie und setzen damit Wissenschaft mit Materialismus gleich («alles, was nicht dem materialistischen Weltbild entspricht, ist nicht wissenschaftlich»). Evolutionisten bekämpften deshalb auch dieses kritische Lehrbuch und unternahmen alles, damit es an den Mittel- und Hochschulen nicht bekannt wurde – und das, obwohl die Autoren hochqualifizierte Wissenschaftler sind. Siegfried Scherer (*1955) ist seit 2003 Professor für Molekularbiologie an der TU München, 2005 und 2007 bekam er wissenschaftliche Forschungspreise (siegfriedscherer.de). Dr. Reinhard Junker (*1956) ist Mathematiker, Biologe und Theologe (wort-und-wissen.de). Persönlich vertreten beide ein biblisches Weltbild in der Ausprägung des Junge-Erde-Kreationismus, was sie jedoch, wie oben erwähnt, von der wissenschaftlichen Diskussion klar trennen und in diesem Lehrbuch nur am Rand thematisieren.

2. Richard Dawkins: *River out of Eden – A Darwinian View of Life* (1995), dt. *Und es entsprang ein Fluß in Eden* (S. 151). Michael Schmidt-Salomon, «Deutschlands Chef-Atheist» *(Der Spiegel)*, zitiert diese Dawkins-Sätze in seinem *Manifest des evolutionären Humanismus* (2006) als zentrales Glaubensbekenntnis mit voller Zustimmung (S. 25f.).
3. de.wikipedia.org/wiki/Suizid#Statistik*

Kapitel 1

1. Sigmund Freud (1917), zitiert nach: de.wikipedia.org/wiki/Kränkungen_der_Menschheit

Kapitel 2

1. Weinberg, S. 19
2. ebd. S. 212
3. ebd. S. 212f. und 213 (Schlusssatz des Buches)
4. Fritzsch: *Vom Urknall zum Zerfall* (1983), S. 9
5. Linder: *Biologie – Lehrbuch für die Oberstufe* (1989), S. 453. In den späteren Ausgaben dieses Standardlehrbuches wurde diese Formulierung gestrichen und durch eine vorsichtigere ersetzt. Am grundlegenden Paradigma («die ersten Lebewesen entstanden aus Materie») änderte sich jedoch nichts.
6. ebd. S. 454
7. Eine ausführliche Darlegung der Experimente zur synthetischen Erzeugung von organischen Strukturen und der verwandten Experimente findet sich in Junker/Scherer, S. 90 – 170: Teil IV, Kausale Evolutionsforschung: Molekulare Evolution (insbesondere Kap. 7: Chemische Evolution – Schritte zum Leben?); siehe auch: Junker/Ulrich, S. 29 – 34 (Kap. 5: Das große Geheimnis des Anfangs).
8. Walter Veith: «Leben aus toter Materie? – Die große Schwachstelle der Evolutionstheorie», in: *Info Vero* Nr. 3 (2013), S. 41f.
9. Kleesattel: *Die Evolution* (2010), S. 70 («Der Ursprung des Lebens – chemische und biochemische Evolution»). Gleich nach dieser wie als Fakt formulierten These wird jedoch eingeräumt: «Diese Vorstellung gilt bis heute als sehr wahrscheinlich. Über die einzelnen Evolutionsschritte von präbiotischen Molekülen zu frühen Lebensformen gibt es jedoch viele, zum Teil widersprüchliche Hypothesen.»

---

* Alle Website-Adressen und Links gemäß Stand Mitte Mai 2014.

10. K. Dose: «Die Ursprünge des Lebens» (Tagungsbericht über den ISSOL-Kongress in Mainz vom 10. bis 15. Juli 1983), in: *Nachrichten aus Chemie, Technik und Laboratorium 31* (1983), Nr. 12, S. 968 - 969, zitiert nach Gitt, S. 221
11. chemie.de/lexikon/Protein.html
12. Hoyle: *Das intelligente Universum,* S. 12
13. ebd. S. 13
14. Angabe von Prof. Dr. Detschko Svilenov, Bulgarische Akademie der Wissenschaften, in: Svilenov/Studer, *Schöpfung und Evolution im Licht der Wissenschaft* (2012), S. 15
15. wie Anm. 8 (Veith 2013), S. 46

Kapitel 3

1. Eine ausführliche Darlegung zur Frage der biologischen Information findet sich in Junker/Scherer, S. 90 - 170: Teil IV, Kausale Evolutionsforschung: Molekulare Evolution (insbesondere Kap. 8: Entstehung biologischer Information unter präbiotischen Bedingungen?, und Kap. 9: Molekulare Evolutionsmechanismen); siehe auch: Gitt, *Am Anfang war die Information.*
2. Eigen, S. 8, 47, 55, 149, 251f.
3. ebd. S. 101, 250
4. Ausführlich dargelegt in den Büchern des Biologen Dr. Bruce Lipton (s. Quellenverzeichnis).
5. Junker/Scherer, S. 129 (aus: 9.1.1. Die molekulare Struktur von Genen)

Kapitel 4

1. Lamarck: *Philosophie zoologique,* Paris 1809, vol. 1, S. 104ff., zitiert nach Gitt, S. 133
2. Junker: *Leben – woher?,* S. 55
3. Junker/Scherer, Kap. 6: Makroevolution und neuere Evolutionstheorien, S. 72 - 74 (angebliche Evolution des Auges) und S. 82 - 87 (Pax6-Gen); Junker/Ulrich, S. 21 - 25 (in Kap. 5: Nichtreduzierbare Komplexität: Alles oder nichts?)
4. Ein besonderer Augentyp, der jeder Zufallstheorie widerspricht, ist das Spiegelauge bzw. Spiegelteleskopauge, wie wir es bei den Kammmuscheln (Pectinidae) finden. Bei dieser Art von Auge wird das Bild durch Hohlspiegel erzeugt, die hinter der Netzhaut angeordnet sind. Die direkt vor der Netzhaut

liegende Linse dient der optischen Korrektur des stark verzerrten Spiegelbildes! Die Spiegel sind nach dem Prinzip von reflektierenden Glasplatten gebaut. Mehr als 30 Schichten aus feinsten Guanin-Kristallen liegen dicht gestapelt aufeinander, jede Schicht in eine Doppelmembran eingeschlossen. Auch andere Tiere haben Spiegelaugen, unter anderem der Tiefseekrebs Gigantocypris, der Hummer und die Langusten. (de.wikipedia.org/wiki/Auge#Bauformen)

5. Junker: *Leben – woher?*, S. 49 (3.4. Monster unter den Fliegen); Junker/Scherer, S. 57f. (in Kap. 5: Die Reichweite der Evolutionsfaktoren, 5.2. Mutation)
6. Junker/Scherer, S. 59
7. Formulierung in einem amerikanischen Lexikon Anfang der 1980er Jahre; zitiert nach Gish, S. 36. Die Erklärung mit den gewandelten Verhältnissen der Tarnung wird jedoch schon seit längerer Zeit angefochten, weil Feldforschungen zeigten, dass sich Birkenspanner nahezu niemals auf Baumstämmen niederlassen; siehe: Junker/Scherer, S. 62f. (in Kap. 5: Die Reichweite der Evolutionsfaktoren, 5.4. Selektion).

Kapitel 5

1. «Flying dinosaur had ‹bird brain› – Skull scan confirms Archaeopteryx had the mind for flight», in: *Nature*, 4. August 2004; nature.com/news/2004/040802/full/news040802-9.html. «Fliegender Dinosaurier hatte ‹Vogelhirn› – Schädel-Scan bestätigt, dass der Archaeopterix die Anlage zum Fliegen hatte. [...] Das Forscherteam nimmt an, dass der Archaeopterix vergrößerte Hirnregionen für das räumliche Sehen und die Bewegungskoordination hatte, ähnlich wie die heutigen Vögel. Die Struktur des Innenohrs, die mit dem Gleichgewichtssinn verbunden ist, war ebenfalls wie die eines Vogels, und das proportionale Verhältnis von Hirn- und Körpergröße war ähnlich wie bei den flugfähigen Vögeln der heutigen Zeit. [...] ‹Dies zeigt, dass der Archaeopterix vogelähnlicher war, als wir dachten.›»
2. *Spiegel online*, 22.11.2012: «Archaeopteryx: Einfacher Gleiter statt behänder Flieger»
3. Risi (2013), S. 203ff. (mit vielen Quellenangaben)
4. *Spiegel online*, 30.05.2013: «Archaeopteryx: Doch ein früher Vogel», Bericht über den Fachartikel von Pascal Godefroit et al.: «A Jurassic avialan dinosaur from China resolves the early

phylogenetic history of birds», in: *Nature,* 29. Mai 2013. «Sie [die phylogenetische Analyse] bestätigt den Urvogel-Status *(avialan status)* des Archaeopterix; [...]» All diese Analysen sind so angelegt, dass sie aufzeigen sollen, über welche Dinosaurierformen die heutigen Vögel entstanden sind, was bedeutet, dass die Abstammung der Vögel von den Reptilien als Tatsache vorausgesetzt wird.

5. Für vertiefte Ausführungen: Junker/Scherer, Kap. 14: Fossile Arten als Vorstufen und Bindeglieder?, S. 251-257 (14.5 Der Ursprung der Vögel). Zusammengefasst in: Junker, *Leben - woher?*, S. 116-121 (8.1. Mosaikformen - Übergangsformen: eine wichtige Unterscheidung).
6. Richard O. Prum, Alan H. Brush: «Zuerst kam die Feder», in: *Spektrum der Wissenschaft,* Oktober 2003, S. 34, 35f.
7. «Die Entwicklungsgeschichte der Fledermäuse ist durch Fossilienfunde nur sehr spärlich dokumentiert. Zu den ältesten bisher gefundenen Gattungen zählen [viele Fachnamen ...]. Diese frühen Vertreter ähneln in ihrem Körperbau bereits sehr stark den heutigen Fledermäusen [...]. Im Gegensatz zu anderen schwierig einzuordnenden Säugetiertaxa, etwa den Walen, liefert der Fossilienbefund bisher keinerlei Hinweise auf Übergangsformen.» (de.wikipedia.org/wiki/Fledermäuse)
8. Junker/Scherer, S. 246-251 (in Teil VI: Historische Evolutionsforschung: Die Deutung der Fossilienüberlieferung, Kap. 14: Fossile Arten als Vorstufen und Bindeglieder?)
9. Eindrücklich und evolutionskritisch dargestellt im Dokumentarfilm *Metamorphose - Die geheimnisvolle Schönheit der Schmetterlinge* (DVD), Illustra Media, Drei Linden Filmproduktion 2012.
10. de.wikipedia.org/wiki/Schmetterlinge

Kapitel 6

1. W. Le Gros Clark, in: *Discovery,* Januar 1955, S. 7, zitiert nach Gish, S. 29
2. David Wacey et al.: «Microfossils of sulphur-metabolizing cells in 3.4-billion-year-old rocks of Western Australia», in: *Nature Geoscience* 4, 698-702, 21. August 2011 (nature.com/ngeo/journal/v4/n10/full/ngeo1238.html); mit weltweiter Medienresonanz, z. B. Spiegel Online: «Bakterienfund: Forscher wollen ältestes Fossil der Erde entdeckt haben.» (22. August 2011)

3. «Evolution's Big Bang», Cover-Schlagzeile von TIME, 4. Dezember 1995
4. Junker/Scherer, S. 243 (Text zu Abb. 14.7)
5. de.wikipedia.org/wiki/Kambrische_Explosion
6. Dieses schwache Argument stammt von einem Biologen, der sich mit Polemik gegen die angeblich unwissenschaftliche Schöpfungswissenschaft wendet. N. Eldrege: *The Monkey Business – A Scientist Looks at Creationism* (1982), S. 44
7. Maisey: *Discovering Fossil Fishes* (2000), p. 10
8. ebd. p. 10
9. en.wikipedia.org/wiki/Evolution_of_fish
10. Dawkins (2004), p. 381
11. *bild der wissenschaft,* 6/1999, S. 8: «Ältestes Säugerskelett entdeckt: [...] ein mindestens 120 Millionen Jahre altes, nahezu komplettes Skelett eines Säugers: eines rattengroßen Jeholodens jenkinsi. Es ist das älteste bisher entdeckte Skelett dieser Art. [...] Urahn aller Säugetiere? [...] Die Fundstelle des Säugerskeletts, Sihetun in Liaoning, China, ist bekannt für aufsehenerregende Fossilien. Letztes Jahr entdeckte dort das gleiche Forscherteam die Reste eines befiederten Dinosauriers.»
12. de.wikipedia.org/wiki/Cetacea
13. E.H. Colbert: *Evolution of the Vertebrates,* New York 1955, S. 303; zitiert nach Gish, S. 95
14. P.D. Gingerich et al.: «Origin of whales in epicontinental remnant seas: new evidence from the early Eocene of Pakistan», in: *Science* Nr. 220 (1983), S. 403 - 406. Gingerichs Entdeckung wird auf der DVD *Evolution – Die Geschichte des Lebens: Vom primitiven Einzeller zum denkenden Menschen* in Teil 1 dokumentiert («Die große Transformation»), s. Quellenverzeichnis: Allen, Paul G., & Jody Patton (2001/2008). Aus dieser Dokumentation stammt die Beschreibung des Pakicetus als «räuberischer Aasfresser».
15. «Der Weg ins Meer – Wie Moby Dick schwimmen lernte», *bild der wissenschaft* 12/1995, S. 87f.
16. ebd. S. 90
17. Gemäß P. Gingerich (2003), siehe: en.wikipedia.org/wiki/Rodhocetus
18. Wale, die unter normalen Umständen sterben, werden durch Aasfresser und Mikroorganismen innerhalb von drei Jahren bis auf kleine Reste reduziert, die dann ebenfalls sehr schnell

verwesen. Nun sind aber an mehreren Stellen der Erde viele vollständig erhaltene, versteinerte Walskelette zu finden, ohne geringste Fress- oder Verwesungsspuren. In der Wüste bei Ica im Süden Perus wurden bereits über 500 solcher Skelette ausgegraben: Hunderte und wahrscheinlich Tausende von Walen, die unversehrt versteinerten, viele sogar noch mit den intakten Barten, die bei toten Walen innerhalb kürzester Zeit ausfallen. Die einzige Erklärung für solche Lagerstätten ist die, dass die Wale alle gleichzeitig starben und schnell zugeschüttet wurden. Dr. Raúl Esperante (Geoscience Research Institute, Loma Linda, CA), «Wie kamen die Wale in die Wüste? – Das Rätsel der fossilen Wale in Peru und die Umstände ihres Todes», *Info Vero* Nr. 5, Winter 2013/14, S. 30 - 37. Siehe auch: Risi (2013), Kap. 8: Katastrophen und zyklische Umwälzungen.

19. wie 15 und 16 («Der Weg ins Meer»), S. 93
20. ebd. S. 88, 93
21. «Evolution: Forscher lösen das Rätsel der spitzen Delfinzähne», *Spiegel online,* 19.2.2013. «Dazu passen auch frühere Experimente mit Mäuseembryonen: Als Forscher das Protein BMP4 in den hinteren Teil der Kiefer injizierten, wuchsen den Mäusen dort keine breiten Mahlzähne mehr, sondern spitze Zähne.»
22. de.wikipedia.org/wiki/Indohyus
23. de.wikipedia.org/wiki/Pakicetus
24. wie 15 und 16 («Der Weg ins Meer»), S. 93
25. Junker/Scherer, S. 201 (in Kap. 10: Ähnlichkeiten, 10.4. «Historische Reste» bei heute lebenden Organismen). Für eine sachlich-kritische Abhandlung über angebliche und faktische rudimentäre Organe (engl. *vestigial organs*) siehe: Junker, *Ähnlichkeiten - Rudimente - Atavismen* (2002). Siehe auch: wort-und-wissen.de (zu den entsprechenden Stichwörtern).
26. «Call me *Leviathan melvillei*»: nature.com/news/2010/100630/full/news.2010.322.html
27. ebd.

Kapitel 7

1. Darwin: *Die Entstehung der Arten,* S. 229, 230f., 236f. Diese Zitate stammen aus dem sechsten Kapitel: «Schwierigkeiten der Theorie». Darwin räumt ein (S. 229), dass in seiner Theorie «eine große Anzahl von Schwierigkeiten» enthalten ist, «und einige von ihnen sind so groß, dass ich bis heute nicht an sie

denken kann, ohne dass ernste Zweifel in mir aufsteigen». Trotz seiner ernsten Zweifel versuchte Darwin sich selbst zu überzeugen, dass all diese Schwierigkeiten gar keine seien: «Indessen sind die meisten nur scheinbar vorhanden, und die anderen können, wie ich glaube, meiner Theorie nicht gefährlich werden.»

2. Zitat aus dem Buch *Das Geheimnis der Evolution* (1983), S. 109f., des seinerzeit bekannten englischen Wissenschaftsjournalisten Gordon Rattray Taylor. Einige Details in diesem Buch sind heute überholt, aber die hier zitierte Zusammenfassung der Fakten über den Fossilbestand ist nach wie vor zutreffend. Taylor stellte die Theorie der Makroevolution nicht prinzipiell in Frage, doch sein von Darwinisten scharf kritisiertes Buch ist ein wertvoller Beitrag zur grundlegenden Betrachtung der vielen Streitfragen um die Evolutionstheorie. Das von Taylor angeführte Zitat stammt von einem der radikalsten Materialisten seiner Zeit. «Professor G. G. Simpson ist ein leidenschaftlicher Darwinist, geht aber so weit zu sagen: ‹Das Fehlen der Übergangsformen ist ein beinahe universelles Phänomen.› […] Er fügt hinzu: ‹Die Linie, die die Verbindung mit gemeinsamen Ahnenformen herstellt, ist nicht einmal in einem einzigen Fall bekannt.› […] Zu den Säugetieren bemerkt er: ‹Bei allen 32 Ordnungen von Säugern ist der Bruch so scharf und die Lücke so groß, dass die Entstehung der jeweiligen Ordnung nur gemutmaßt werden kann und angezweifelt werden muss.› » – Daran hat sich vom Prinzip her bis heute nichts geändert, obwohl versucht wurde, mit ausgewählten Arten von ausgestorbenen Tieren einige dieser Lücken zu überbrücken, wie z. B. bei den Fischen und bei den Walen. Bei den Primaten sind die Versuche ähnlich krampfhaft und ähnlich unglaubwürdig.
3. Fleagle, p. 259 («Primates seem to just pop up in the Early Eocene of Asia, Europe, and North America.»)
4. ebd. p. 259
5. ebd. p. 259
6. de.wikipedia.org/wiki/Primaten
7. Fleagle, p. 225
8. Kleesattel, S. 136
9. Eine kritische Zusammenstellung der verschiedenen Studien und ihrer unterschiedlichen Ansätze findet sich im Artikel auf creation.com/decoding-the-dogma-of-dna-similarity.

10. *Proceedings of the National Academy of Sciences,* Mai 2006; pnas.org/content/103/26/9929 («Pegasoferae, an unexpected mammalian clade revealed by tracking ancient retroposon insertions»); zusammengefasst z.B. auf newscientist.com/article/dn9402-bats-and-horses-get-strangely-chummy.html
11. Jonathan Marks: «What It Really Means To Be 99% Chimpanzee», Vortrag an der Jahresversammlung der American Anthropological Association, 20. November 1999 (personal.uncc.edu/jmarks/interests/aaa/marksaaa99.htm)
12. Junker/Scherer, S. 279f.
13. wie 11; siehe auch: Marks (2002), p. 27f.
14. wie 11; siehe auch: Marks (2002), p. 28f.
15. Diese Formulierungen stammen aus Buchtiteln wie *The Naked Ape: A Zoologist's Study of the Human Animal,* 1967 (von Desmond Morris; dt. *Der nackte Affe,* 1968), *The Crazy Ape,* 1970 (des Nobelpreisträgers Albert Szent-Györgi; dt. *Der fehlentwickelte Affe oder Die Unfähigkeit des Menschen, mit seinen Problemen fertig zu werden,* 1971), *The Talking Ape: How Language Evolved* (von Robbins Burling, Oxford University Press 2007) sowie *The Fifth Ape,* Titel der im Jahr 2008 auf Channel 4 ausgestrahlten Dokumentation von Richard Dawkins in der Serie «The Genius of Darwin». In den ersten Sätzen dieser Dokumentation verkündet Dawkins: «Humans don't have dominion over animals. We *are* animals. We're the Fifth Ape.»
16. wikipedia.de: Stichwörter «Embryonenkontroverse» und «Biogenetische Regel».
17. Junker/Scherer, Kap. 11: Embryologie und Stammesgeschichte; Junker: *Leben – woher?,* S. 80 – 89; Gish, S. 299ff. (mit Bezug auf Jan Langman: *Medical Embryology,* 1975)
18. Ausführlich dargelegt in: Jeffrey P. Tomkins, «Alleged Human Chromosome 2 ‹Fusion Site› Encodes an Active DNA Binding Domain Inside a Complex and Highly Expressed Gene—Negating Fusion», *Answers Research Journal* 6 (2013): p. 367 - 375, online auf: answersingenesis.org/articles/arj/v6/n1/human-chromosome-fusion
    Siehe auch: Jean K. Lightner, «Changing chromosome numbers,» *Journal of Creation* Nr. 20 (3/2006); «A Tale of Two Chromosomes» (2007), answersingenesis.org/articles/aid/v3/n1/tale-of-two-chromosomes#fnList_1_10
19. Bruère, A. N., & P. M. Ellis: «Cytogenetics and reproduction

of sheep with multiple centric fusions (Robertsonian translocations)», *Journal of Reproduction and Fertility,* November 1979; S. 363-375; online auf ncbi.nlm.nih.gov (The National Center for Biotechnology Information).
20. Webseiten von Wissenschaftlern mit Kreationismus- und/oder Intelligent-Design-Hintergrund (deutsch): evolutionslehrbuch.info, eklb.info, genesisnet.info, wort-und-wissen.de; (englisch:) answersingenesis.org, creation.com, discovery.org, evolutionnews.org, ideacenter.org

Kapitel 8

1. Wilcock, S. 229f. («Lebensformen, die ihren eigenen Gencode neu schreiben»)
2. ebd. S. 230 (englische Ausgabe S. 202)
3. Dave Thomas: «Evolution and information—The Nylon Bug»: nmsr.org/nylon.htm;
   «Mutations and new features»: talkorigins.org/indexcc/CB/CB101_2.html
4. Rebecca Sato (University of Massachusetts): «‹Hyper Speed› Evolution Possible? Recent Research Says ‹Yes›», in: *Daily Galaxy,* 21. April 2008; siehe auch Wilcock, p. 202; S. 230f.
5. «Science News: Lizards Undergo Rapid Evolution After Introduction to a New Home», 17. April 2008, auf: sciencedaily.com/releases/2008/04/080417112433.htm
6. Hitching, p. 55, zitiert nach: Wilcock, p. 201; S. 229. Das Buch *Die Urfeld-Forschungen* enthält viele weitere aufschlussreiche Beispiele, insbesondere Kap. 10, «Energetisch gesteuerte Evolution». Fazit dieses Kapitels: «Die spontane DNS-Umformung zur Beseitigung einer Mutation versetzt dem Darwinschen Modell einen weiteren verheerenden Schlag. […] Immer zahlreichere Fakten, die wir entdecken, deuten auf eine lenkende Intelligenz hin, die den Gencode dergestalt modifizieren kann, dass dem Organismus als Ganzes gedient ist.» (p. 201; S. 229)
7. Sheldrake: *Das schöpferische Universum* (1983/1993), S. 18; Neuausgabe 2008: S. 45f.

Kapitel 9

1. talkorigins.org/faqs/homs/garhi_cg.html; Text von 1999: «The human line separated from the chimpanzee line some 5 million years ago or a little more, according to molecular clock dates.»

2. Eine ausführliche Zusammenfassung der Problematik der radiometrischen Datierungsmethoden (mit vielen Quellenangaben) findet sich im Buch *«Ihr seid Lichtwesen»*, in Kap. 8, «Katastrophen und zyklische Umwälzungen», mit den Untertiteln: Waren die physikalischen und atmosphärischen Verhältnisse früher anders als heute? / Überwindung von falschen Grundannahmen / Das Alter von Gesteinen (1): Sedimentschichten können sehr schnell entstehen / Das Alter von Gesteinen (2): Die Problematik der radiometrischen Datierungsmethoden / Wie zuverlässig sind C14-Datierungen? / Fazit: Alte Erde, zyklische Umwälzungen.
3. Steven A. Austin, John Morris: *Footprints in the Ash – The Explosive Story of Mount St. Helens* (2003, ^{2}2005), p. 67 (Dating the Lava Dome): «Diese Situation ist kein Ausnahmefall. Fast jedes Mal, wenn ein Stein, dessen Alter bekannt ist, mit der Radioisotopmethode datiert wurde, war das berechnete Alter in der Größenordnung ähnlich verzerrt.»
4. «Die einst ganz berühmte ^{14}C-Methode […] wird bei Datierungen über 10 000 Jahren unzuverlässig.» Herbert Liedtke: *Eiszeitforschung,* Wissenschaftliche Buchgesellschaft, Darmstadt 1990, S. 44, zitiert nach Tollmann, S. 235; siehe auch: Zillmer, *Darwins Irrtum,* S. 73 - 79 («Gesicherte Altersbestimmung?», «Manipulierte Chronologien»). Weitere kritische Betrachtungen der C14-Methode z. B. in: Cremo/Thompson, *Verbotene Archäologie,* S. 884 - 930 (Anhang 1: «Chemische und radiometrische Analysen ungewöhnlicher menschlicher Skelette»).
5. A. H. Schultz: «Age Changes, Sex Differences, and Variability as Factors in the Classification of Primates,» in: S. L. Washburn (ed.), *Classification and Human Evolution,* Chicago 1963, p. 85 - 115
   A. H. Schultz: «The Recent Hominoid Primates,» in: *Perspectives on Human Evolution,* Vol. 1, Holt, Rinehart & Winston, New York 1968, p. 122 - 195
6. Schultz, 1968, S. 186; Gish, S. 209f.
7. «Eine Hypothese besagt, dass der Verlust von Genfunktionen ein allgemeiner Entwicklungsmechanismus ist, der Anpassungen an Veränderungen in der Umwelt ermöglicht. Es wurde auch schon vermutet, dass der Erfolg der Menschen zum Teil durch einen Überschuss an Mutationen mit nützlichen Genfunktionsverlusten [Verlust von Primateneigenschaften] aus-

gelöst wurde.» Aus: «Great ape genetic diversity and population history», in: *Nature,* 25. Juli 2013 (hier mit Bezug auf: M. V. Olson, «When less is more: gene loss as an engine of evolutionary change», *American Journal of Human Genetics,* 1999/64); ncbi.nlm.nih.gov/pmc/articles/PMC3822165

Kapitel 10

1. Colin Groves: «Australopithecus garhi: a new-found link?» (1999): «The indications are that the early hominins were as diverse as any other group of large mammals; among all the diversity, however, there must have been some actual ancestors and, human nature being what it is, everyone is obsessed with trying to deduce which, if any, of the fossil species might have filled this role.» (talkorigins.org/faqs/homs/garhi_cg.html)
2. Birket-Smith, S. 141
3. Eugène Dubois: «On the Fossil Human Skulls Recently Discovered in Java and Pithecanthropus Erectus», in: *Man,* Vol. 37, January 1937, p. 4: «Pithecanthropus [Java man] was not a man, but a gigantic genus allied to the Gibbons, however superior to the gibbons on account of its exceedingly large brain volume and distinguished at the same time by its faculty of assuming an erect attitude and gait.»
4. de.wikipedia.org/wiki/Australopithecus_africanus
5. J. T. Stern Jr., R. L. Susman: «The locomotor anatomy of Australopithecus afarensis», in: *American Journal of Physical Anthropology* 1983/3, p. 284: «A summary of the morphologic and functional affinities of the Hadar hand fossils leads inexorably to an image of a suspensory adapted hand, surprisingly similar to hands found in the small end of the pygmy chimpanzee—common chimpanzee range.»
6. ebd. p. 313. Gleich danach schreiben die beiden Anatomen Stern und Susman in der Zusammenfassung: «Wir entdeckten umfangreiches Beweismaterial, das darauf hinweist, dass bei dem A. afarensis das Baumleben eine große Rolle spielte, weshalb die morphologischen Anpassungen, die ein geschicktes Bewegen in den Bäumen erlaubten, erhalten blieben. Dies führt jedoch nicht zwingend zur zweiten Ableitung, dass sich die Art ihres aufrechten Ganges am Boden deshalb von der des heutigen Menschen unterschied. Wir glauben vielmehr, dass der zweite Schluss gerechtfertigt ist, auch wenn die Be-

weise dafür weniger auffallend sind wie die für das hohe Maß an Baumleben.»

Auch hier zeigt sich, wie stark der darwinistische Glaube die Interpretation beeinflusst. Obwohl diese Südaffenart hauptsächlich in den Bäumen lebte und entsprechende Hände und Füße hatte, meinen die beiden Anatomen, sie hätten einen Menschenvorfahren vor sich, weshalb sie es für «gerechtfertigt» halten anzunehmen, dass deren aufrechter Gang ähnlich wie der des heutigen Menschen war – obwohl die Beweise dafür «weniger auffallend» sind.

7. *Science News,* «Lucy on the ground with knuckles», Vol. 157, April 8, 2000, p. 235, basierend auf dem Fachartikel von Brian G. Richmond und David S. Strait: «Evidence that humans evolved from a knuckle-walking ancestor», in: *Nature* 404:6776 (March 23, 2000): pp. 382 – 385.
8. Tim White, zitiert in: Johanson & Edey: *Lucy – The Beginnings of Mankind,* p. 250, *Lucy – Die Anfänge der Menschheit,* S. 310
9. Tim White, in: *Science,* 208:175 (1980)
10. Wikipedia: Laetoli (dt. / engl.), mit vielen Quellenangaben
11. de.wikipedia.org/wiki/Laetoli
12. Linder 2010/2012, S. 493
13. Kate Wong: «Footprints to fill: Flat feet and doubts about the makers of the Laetoli tracks», in: *Scientific American,* 1. August 2005 (scientificamerican.com/article.cfm?id=footprints-to-fill); siehe auch: en.wikipedia.org/wiki/Australopithecus_afarensis
14. Carol V. Ward, William H. Kimbel, Donald C. Johanson: «Complete Fourth Metatarsal and Arches in the Foot of Australopithecus afarensis», in: *Science,* Vol. 331, Nr. 6018, 2011, p. 750 – 753
    BBC NEWS, 10. Februar 2011: «Fossil find puts ‹Lucy› story on firm footing» (bbc.co.uk/news/science-environment-12412662)
15. Francis Clark Howell: «Homo habilis in Detail», in: *Science* Vol. 253, Nr. 5025/1991, p. 1294 – 1295
16. Randall L. Susman, Jack T. Stern: «Functional Morphology of Homo habilis», in: *Science* Vol. 217, Nr. 4563/1982, p. 931 – 934
17. „Die insgesamt bescheidene Anzahl von Funden hat dazu geführt, dass wegen der zeitlichen und morphologischen Nähe zu den Australopithecinen auch die Bezeichnung *Australopithecus rudolfensis* vorgeschlagen wurde.“ (de.wikipedia.org/wiki/Homo_rudolfensis)

18. Junker/Scherer, S. 284 (Wechselhaftes Schicksal von «*Homo*» *habilis*), S. 288f.; Zillmer (2005), Stichwort *Homo habilis.*
19. „Controversial Human Ancestor Gets Major Facelift", in: *LiveScience,* 29. März 2007.
20. „How can practitioners in this field possibly expect to be able to accurately identify fossil species based upon a few teeth, jaws and lower faces in light of what we know about the great variation found among different individuals in a single living species?" Tim White, zitiert in: „Fossils point to a big family for human ancestors", auf nature.com, 8. August 2012: nature.com/news/fossils-point-to-a-big-family-for-human-ancestors-1.11144
21. Bernard Wood, Mark Collard: «The Human Genus», in: *Science* Vol. 284, Nr. 5411/1999, p. 65 – 71. 2011 erneuerte Wood seine Kritik im Artikel «Did early Homo migrate ‹out of› or ‹in to› Africa?» in: *PNAS* Vol. 108, Nr. 26, 2011, p. 10375 – 10376; siehe auch: de.wikipedia.org/wiki/Homo_habilis
22. Junker/Scherer, S. 295
23. Junker/Scherer, S. 295f. (Kap. 15: Die Entstehung der Menschheit; 15.7.6. Umweltbedingte Merkmalsvielfalt innerhalb der Gattung Homo)
24. Zillmer (2005), insbesondere Kap. 5: Irrtum Neandertaler.
25. Im März 2014 veröffentlichte das Fachjournal *PLoS One* einen Artikel über neuste biomechanische Untersuchungen eines Neandertaler-Zungenbeins, die ergaben, dass die Neandertaler eine Sprache hatten, die sich von ihrer Artikulation her nicht von der Sprache der heutigen Menschen unterschied. Ein Team von Wissenschaftlern um den Zoologen und Paläontologen Prof. Stephen Wroe (Australien) analysierte mit einer 3D-Röntgentechnologie die 60 000 Jahre alten Überreste eines Neandertalers, die 1989 im israelischen Kebara entdeckt worden waren, darunter auch ein Zungenbein. Prof. Wroe: «Für viele Wissenschaftler war die Entdeckung des Neandertaler-Zungenbeins eine unerwartete Überraschung, da seine Form sich von den Zungenbeinen unserer nächsten Verwandten, den Schimpansen und Bonobos, deutlich unterscheidet. Zugleich ist es aber von dem der modernen Menschen (Homo sapiens) so gut wie nicht zu unterscheiden.» grenzwissenschaft-aktuell. blogspot.de: «Sprechende Neandertaler stellen Theorien zum Ursprung der Sprache in Frage.» (4. März 2014)

26. Alan. R. Rogers et al.: «Genetic Variation at the MC1R Locus and the Time since Loss of Human Body Hair», in: *Current Anthropology,* 2004/1, p. 105 – 108
27. Nina G. Jablonski, George Chaplin: «Die Evolution der Hautfarben», in: *Spektrum der Wissenschaft,* Juni 2003, S. 38
28. ebd. S. 38
29. Mel Greaves: «Was skin cancer a selective force for black pigmentation in early hominin evolution?» (26. Februar 2014) rspb.royalsocietypublishing.org/content/281/1781/20132955.full «Dark Skin May Have Evolved to Protect Against Skin Cancer […] A scientist argues that once we were all white; then we were all black; then some of us went back to white.»: news.nationalgeographic.com/news/2014/03/140307-skin-color-cancer-evolution-albinos-africa; shortnews.de/id/1079760/evolution-der-hautfarbe-alle-weiss-dann-alle-schwarz-dann-ein-paar-wieder-weiss
30. Mel Greaves: *Krebs – der blinde Passagier der Evolution* (2002)
31. Anatole A. Klyosov, Igor L. Rozhanskii: «Re-Examining the ‹Out of Africa› Theory and the Origin of Europeoids (Caucasoids) in Light of DNA Genealogy», in: *Advances in Anthropology,* May 2012, p. 83, 84f.
32. *The Human Journey – Wie der Mensch die Welt eroberte,* Teil 3: «Asien» (ab 37:28)
33. Michael F. Hammer: «Sex with Other Human Species Might Have Been Secret of *Homo Sapiens's* Success», in: *Scientific American,* May 2013 (308:5); scientificamerican.com/article/sex-with-other-human-species-might-have-been-secret-homo-sapiens
34. Joseph Lachance, Sarah A. Tishkoff et al.: «Evolutionary history and adaptation from high-coverage whole-genome sequences of diverse African hunter-gatherers», in: *Cell,* August 3, 2012; 150(3): 457 – 469; published online July 26, 2012 (ncbi.nlm.nih.gov/pmc/articles/PMC3426505)
35. Brian Vastag: «Neanderthal-type species once roamed Africa, DNA shows», in: *The Washington Post,* July 26, 2012 (Bericht über den *Cell*-Artikel)
36. ebd. (Siehe auch: Risi, *«Ihr seid Lichtwesen»,* S. 176, 181f.)
37. *Nature:* «Mystery humans spiced up ancients' sex lives», 19.11.2013; nature.com/news/mystery-humans-spiced-up-ancients-sex-lives-1.14196

38. Vladimir I. shCherbak, Maxim A. Makukov: «The ‹Wow! signal› of the terrestrial genetic code», in: *Icarus*, May 2013 (Vol. 224, Issue 1)
sciencedirect.com/science/article/pii/S0019103513000791
Website der beiden Autoren: gencodesignal.info
39. Zahlreiche Medienberichte, im Deutschen z. B. «BioSETI: Astrophysiker wollen intelligentes außerirdisches Signal in irdischem Gencode entdeckt haben», 12. April 2013 (grenzwissenschaft-aktuell.blogspot.de); «Kontroverse um Studie über angeblich intelligentes ‹Signal› im genetischen Code», 20. April 2013 (grenzwissenschaft-aktuell.blogspot.de); Andreas von Rétyi: «Biologische SETI: Außerirdische Botschaft in unserem Genom?», 16. April 2013 (kopp-online.com).
Siehe auch: Meyer, *Signature in the Cell – DNA and the Evidence for Intelligent Design* (2009)
40. Francis H. Crick & Leslie E. Orgel: «Directed Panspermia», in: *Icarus* vol. 19, 1973/3, p. 341. 1981 schrieb Crick sogar ein ganzes Buch über diese Theorie: *Life itself – Its Origin and Nature.*
41. Die populärste Alternative zum normalen Darwinismus ist die Theorie der «Präastronautik» (Erich von Däniken; Zecharia Sitchin): Außerirdische hätten in der Vergangenheit den primitiven Urmenschen durch einen genetischen Eingriff zum *Homo sapiens* mutieren lassen, und zwar, um eine Sklavenrasse für eine Elite zu schaffen. Auf die Problematik der präastronautischen Evolutionstheorie bin ich bereits an anderer Stelle eingegangen:
Risi: «Die kosmischen Wurzeln der Menschheit – Welche Rolle spielten die ‹Götter›?», kopp-online.com (9.12.2013)
Risi: *«Ihr seid Lichtwesen» – Ursprung und Geschichte des Menschen* (2013), insbesondere Kap. 12: «Die ‹Götter› und die kosmischen Wurzeln der Menschheit», mit Untertiteln wie: Die Problematik der präastronautischen Thesen / Sitchin: Verfälschung der sumerischen Quellen / Der Mensch, eine Sklavenrasse der «Götter»? / «Ancient Aliens» / Die geheime Geschichte der Menschheit / «Das kosmische Erbe» / Die Ureinwohner der Erde und die Invasoren / Die Psychologie der Lichtwesen.

Quellenverzeichnis

Darwinistische Quellen:

Aiello, Leslie, & Christopher Dean: *An Introduction to Human Evolutionary Anatomy,* Elsevier / Academic Press, London 1990/2002

Allen, Paul G., & Jody Patton: *Evolution – Die Geschichte des Lebens: Vom primitiven Einzeller zum denkenden Menschen,* Dokumentation in vier Teilen (auf 2 DVDs), Clear Blue Sky Productions / WGBH Educational Foundation 2001, dt. 2008 polyband Medien GmbH

Birket-Smith, Kaj: *Wir Menschen einst und jetzt – Die Entwicklung der Menschheit und ihre Rassen,* Orell Füssli Verlag, Zürich 1944

Darwin, Charles: *Die Entstehung der Arten durch natürliche Zuchtwahl,* Übersetzung von Carl W. Neumann, Nachwort von Gerhard Heberer, Philipp Reclam Verlag, Stuttgart 1963, Sonderausgabe in Nikol Verlag, Hamburg 2004

—: Janet Browne: *Über Charles Darwin – Die Entstehung der Arten.* Serie «Bücher, die die Welt veränderten», dtv, München 2007

Dawkins, Richard: *River out of Eden – A Darwinian View of Life* (1995), dt. *Und es entsprang ein Fluss in Eden – Das Uhrwerk der Evolution,* C. Bertelsmann, München 1996

—: *Climbing Mount Improbable* (1996), dt. *Gipfel des Unwahrscheinlichen – Wunder der Evolution,* Rowohlt Verlag 1999 (rororo, Reinbek 2008)

—: *The Ancestor's Tale – A Pilgrimage to the Dawn of Life* (2004); dt. *Geschichten vom Ursprung des Lebens – Eine Zeitreise auf Darwins Spuren,* Ullstein 2008

—: *The God Delusion* (2006); dt. *Der Gotteswahn,* Ullstein, Berlin 2007

Duve, Christian de: *Vital Dust – Life as a Cosmic Imperative* (1995); dt. *Aus Staub geboren – Leben als kosmische Notwendigkeit,* Rowohlt (rororo), Reinbek 1997

Eigen, Manfred: *Stufen zum Leben – Die frühe Evolution im Visier der Molekularbiologie,* Piper Verlag, München 1987

Eldrege, Niles: *The Monkey Business – A Scientist Looks at Creationism,* Washington Square Press (Atria Books / Simon & Schuster), New York 1982

Fleagle, John G.: *Primate Adaptation and Evolution,* Third Edition, Elsevier / Academic Press, San Diego, London 2013

Fritzsch, Harald: *Vom Urknall zum Zerfall – Die Welt zwischen Anfang und Ende,* Piper Verlag, München 1983

Greaves, Mel: *Krebs – der blinde Passagier der Evolution,* Springer-Verlag, Heidelberg 2002

Husemann, Dirk: *Die Neandertaler – Genies der Eiszeit,* Campus Verlag, Frankfurt/Main 2005

Johanson, Donald C., & Maitland A. Edey: *Lucy: the beginnings of humankind* (1981); dt. *Lucy – Die Anfänge der Menschheit,* Piper Verlag, München 1982

Kegel, Bernhard: *Epigenetik – Wie Erfahrungen vererbt werden,* DuMont Buchverlag, Köln 2009, ^{4}2011

Kleesattel, Walter: *Die Evolution,* Theiss WissenKompakt, Konrad Theiss Verlag, Stuttgart 2010

Kutschera, Ulrich: *Tatsache Evolution – Was Darwin nicht wissen konnte,* Deutscher Taschenbuch Verlag, München 2009

Leakey, Richard: *Die Suche nach dem Menschen – Was wir wurden, was wir sind,* Umschau-Verlag, Frankfurt am Main 1981

Linder: *Linder Biologie – Lehrbuch für die Oberstufe,* begründet von Prof. Dr. Hermann Linder (1948), 20., neubearbeitete Auflage (Gesamtband), Schroedel Schulbuchverlag, Hannover 1989; 23., neu bearbeitete Auflage, Schroedel Schulbuchverlage, Braunschweig 2010/2012

Maisey, John G.: *Discovering Fossil Fishes.* Henry Holt Reference Book, Henry Holt & Co, New York 1996

Marks, Jonathan: *What It Means to Be 98% Chimpanzee: Apes, People, and Their Genes,* University of California Press, Berkeley 2002

Monod, Jacques: *Zufall und Notwendigkeit – Philosophische Fragen der modernen Biologie,* Piper Verlag, München 1971

Olson, Steve: *Herkunft und Geschichte des Menschen – Was die Gene über unsere Vergangenheit verraten,* Berliner Taschenbuch Verlag, Berlin 2004

Prothero, Donald R.: *Evolution: What the Fossils Say and Why It Matters,* Columbia University Press 2007

Schmidt-Salomon, Michael: *Manifest des evolutionären Humanismus – Plädoyer für eine zeitgemäße Leitkultur,* Alibri, Aschaffenburg 2005, 2., korrigierte und erweiterte Auflage 2006

Weinberg, Steven: *Die ersten drei Minuten – Der Ursprung des Universums,* Piper Verlag, München 1977

Materialismuskritische, darwinismuskritische und kreationistische Quellen:

Austin, Steven A., & John Morris: *Footprints in the Ash – The Explosive Story of Mount St. Helens,* Master Books, Green Forest 2003, 22005

Braden, Gregg: *Deep Truth – Igniting the Memory of Our Origin, History, Destiny, and Fate,* Hay House 2011; dt. *Tiefe Wahrheiten – Ursprung, Geschichte, Bestimmung und Schicksal der Menschheit,* Koha-Verlag, Burgrain 2011

Brandt, Michael: *Gehirn – Sprache – Artefakte: Fossile und archäologische Zeugnisse zum Ursprung des Lebens,* Studium Integrale, Hänssler-Verlag, Holzgerlingen ^{2}2012

Brown, Walt: *In the Beginning – Compelling Evidence for Creation and the Flood,* Center for Scientific Creation, Phönix, AZ, 82008; creationscience.com

Cremo, Michael A.: *Human Devolution – A Vedic Alternative to Darwin's Theory,* Torchlight Publishing, Badger, CA, 2003

Cremo, Michael A., & Richard L. Thompson: *Forbidden Archaeology – The Hidden History of the Human Race* (1993, 1996, 1998); dt. *Verbotene Archäologie – Die verborgene Geschichte der menschlichen Rasse,* Kopp Verlag, Rottenburg 2006

Cuozzo J. W.: *Buried alive: the startling truth about Neanderthal man.* Master Books, Green Forest, Arkansas 1998

Gish, Duane T.: *Evolution: The Challenge of the Fossil Record* (1985); dt. *Fossilien – Stumme Zeugen der Vergangenheit,* CLV, Bielefeld 1992

Gitt, Werner: *Am Anfang war die Information – Herkunft des Lebens aus der Sicht der Informatik,* Hänssler Verlag, Holzgerlingen 1994, 3., überarbeitete und erweiterte Auflage 2002

Hitching, Francis: *The Neck of the Giraffe – Where Darwin Went Wrong,* Ticknor&Fields, Boston 1982

Hoyle, Fred: *The Intelligent Universe* (1983), dt. *Das intelligente Universum – Eine neue Sicht von Entstehung und Evolution,* Umschau Verlag, Frankfurt am Main 1984

Illustra Media: (DVDs) *Geschöpfe des Himmels – Geheimnisse des Vogelflugs* (2013); *Metamorphose – Die geheimnisvolle Schönheit der Schmetterlinge. Wo die Darwinische Theorie versagt* (2012); *Darwins Dilemma – Der Fossilbericht und die Kambrische Explosion* (2010); *Dem Geheimnis des Lebens nahe – Die wissen-*

schaftliche Begründung für Intelligent Design (2006); *Der Fall des Affenmenschen – Die Evolutionstheorie kann die Herkunft des Menschen nicht erklären* (2004) – dreilindenfilm.de

Jensen, Leif. A.: *Rethinking Darwin – A Vedic Study of Darwinism and Intelligent Design* (with chapters contributed by Jonathan Wells, William A. Dembski, Michael J. Behe, and Michael A. Cremo), The Bhaktivedanta Book Trust 2010

Junker, Reinhard: *Ähnlichkeiten – Rudimente – Atavismen: Design-Fehler oder Design-Signale?* Hänssler-Verlag (Reihe Studium Integrale), Holzgerlingen 2002

—: *Leben – woher? Das Spannungsfeld Schöpfung / Evolution,* Christliche Verlagsgemeinschaft, Dillenburg 2002

Junker, Reinhard, & Siegfried Scherer: *Evolution – Ein kritisches Lehrbuch,* Weyel Lehrmittelverlag (Biologie), Gießen 1998, 7., überarbeitete Auflage 2012; evolutionslehrbuch.info / eklb.info

Junker, Reinhard, & Henrik Ullrich: *Darwins Rätsel – Schöpfung ohne Schöpfer,* SCM Hänssler, Holzgerlingen 2009

Kolrep, Kai-Uwe: *Schöpfung oder Evolution – Eine kritische Einführung,* Christliche Verlagsgesellschaft, Dillenburg 2007

Lawlor, Robert: *Am Anfang war der Traum – Die Kulturgeschichte der Aborigines,* Droemer Knaur, München 1993

Liebi, Roger: *Herkunft und Entwicklung der Sprachen – Linguistik contra Evolution,* Hänssler-Verlag, Holzgerlingen 2003, ^{2}2004

Lipton, Bruce: *Intelligente Zellen – Wie Erfahrungen unsere Gene steuern,* Koha-Verlag, Burgrain 2006

—: *Spontane Evolution – Wege zum neuen Menschen,* Koha-Verlag, Burgrain 2009

Lubenow M. L.: *Bones of contention: a creationist assessment of human fossils.* MI: Baker Books, Grand Rapids 1992, 2004

Meyer, Stephen C.: *Signature in the Cell – DNA and the Evidence for Intelligent Design,* Harper Collins, New York 2009

—: *Darwin's Doubt – The Explosive Origin of Animal Life and the Case for Intelligent Design,* Harper Collins, New York 2013

Nagel, Thomas: *Mind and Cosmos – Why the Materialist Neo-Darwinian Conception of Nature Is Almost Certainly False,* Oxford University Press 2012; dt. *Geist und Kosmos – Warum die materialistische neodarwinistische Konzeption der Natur so gut wie sicher falsch ist,* Suhrkamp Verlag, Berlin 2013

ProGenesis: *95 Thesen gegen die Evolution – Wissenschaftliche Kritik am naturalistischen Weltbild,* CLV, Bielefeld 2009 (www.0095.info)

Risi, Armin: *Gott und die Götter – Das Mysterienwissen der vedischen Hochkultur,* Govinda-Verlag, Zürich 1995, 2007

—: *Der radikale Mittelweg – Überwindung von Atheismus und Monotheismus. Das Buch zum aktuellen Paradigmenwechsel.* Kopp-Verlag, Rottenburg 2009

—: *«Ihr seid Lichtwesen» – Ursprung und Geschichte des Menschen,* Govinda-Verlag, Zürich 2013, ²2014

Sheldrake, Rupert: *A New Science of Life* (1981); dt. *Das schöpferische Universum – Die Theorie des morphogenetischen Feldes,* 1983; nymphenburger (F. A. Herbig), München 2008, ⁴2010 (komplett überarbeitete Neuausgabe)

—: *The Science Delusion,* London 2012, dt. *Der Wissenschaftswahn – Warum der Materialismus ausgedient hat,* O. W. Barth Verlag, München 2012

Strobel, Lee: *Indizien für einen Schöpfer – Ein Journalist im Spannungsfeld von Evolution und Schöpfung,* GerthMedien, Asslar 2005

Svilenov, Detschko, & Paul Studer: *Evolution und Schöpfung im Licht der Wissenschaft,* CMD, Hünfeld 2012

Taylor, Gordon Rattray: *Das Geheimnis der Evolution,* S. Fischer Verlag, Frankfurt am Main 1983

Tollmann, Alexander und Edith: *Und die Sintflut gab es doch – Vom Mythos zur historischen Wirklichkeit,* Knaur, München 1993

Wilcock, David: *The Source Field Investigations – The Hidden Science of the Lost Civilizations* (2011, 2012); dt: *Die Urfeld-Forschungen – Wissenschaftliche Fakten belegen alte Weisheitslehren,* Kopp Verlag, Rottenburg 2012

Wort und Wissen, Studiengemeinschaft: wort-und-wissen.de →Download / Publikationen (Studium Integrale)

Yahya, Harun: Führender Autor der Darwinismuskritik im Islam; zahlreiche Videos und Bücher zum kostenlosen Download auf harunyahya.de und harunyahya.com

Zillmer, Hans-Joachim: *Irrtümer der Erdgeschichte – Die Wüste Mittelmeer, der Urwald Sahara und die Weltherrschaft der Dinosaurier,* Langen Müller, München 2001

—: *Darwins Irrtum,* Langen Müller, München 1998

—: *Die Evolutions-Lüge – Die Neandertaler und andere Fälschungen der Menschheitsgeschichte. Unterdrückte Fakten, verbotene Beweise, erfundene Dogmen.* Langen Müller, München 2005

—: *Die Erde im Umbruch – Katastrophen form(t)en die Welt. Beweise aus historischer Zeit.* Herbig, München 2011

Bildnachweis

S. 11: Wikipedia Commons – «Animal cell structure de»
Urheber: LadyofHats (April 2006), bearbeitet von M. Ćućuz (2014)

S. 16: Armin Risi (grafische Erstellung durch M. Ćućuz, 2014)

S. 25: Wikipedia Commons – «2010 mavericks competition»
Urheber: Shalom Jacobovitz (13. Februar 2010)
Quelle: www.flickr.com/photos/10027220@N06/4362693202/
Eingefügtes Bild: «Milky Way Galaxy» (Wikipedia Commons),
Urheber: NASA / Nick Risinger

S. 29: Wikipedia Commons – «Quercus robur - sprouting acorn»,
Urheber: Amphis, 27.6.2012

S. 46 oben: Wikipedia Commons – «Stages in the evolution of the eye», Urheber: Remember the dot (24. Februar 2007), nach: Ernst Mayr, *What evolution is* (2001), p. 206

S. 46 unten: Wikipedia Commons – «Drosophilidae compound eye edit1»
Urheber: Louisa Howard, Dartmouth College

S. 50: Wikipedia Commons – «Biston.betularia.7200» (heller Birkenspanner) und «Biston.betularia.f.carbonaria.7209» (dunkler Birkenspanner), Urheber: Olaf Leillinger / Olei (13./14. Juni 2006)

S. 55 oben: Wikipedia Commons – «NHM – Archaeopteryx lithographica Modell»
Urheber: Wolfgang Sauber (1. Juni 2013, Naturhistorisches Museum, Wien)

S. 55 unten: Wikipedia Commons – «Archaeopteryx lithographica paris»
Urheber: LadyofHats (August 2006, Muséum national d'Histoire naturelle, Paris)

S. 57: Wikipedia Commons – «Eodromaeus SIZE 01»
Urheber: Conty (18. März 2011)

S. 62 oben: Wikipedia Commons – «Holophagus»
Urheber: Ghedoghedo (August 2010, Museum Eichstätt)

S. 62 unten: Wikipedia Commons – «Coelacanth model, Devonian - Houston Museum of Natural Science - DSC01709»
Urheber: Daderot (22. Oktober 2012, Houston Museum of Natural Science, Houston, Texas)

S. 64: Wikipedia Commons – «Merian», Zeichnung von Maria Sibylla Merian (1647–1717), aus: *Erucarum Ortus Alimentum et Paradoxa Metamorphosis,* Tafel LXXXV

S. 66: Wikipedia Commons – «Butterfly tongue»
Urheber: Louisa Howard, Dartmouth College

S. 74 oben: Wikipedia Commons – «Indohyus BW»
Urheber: Nobu Tamura (23. Dezember 2007)

S. 74 Mitte: Wikipedia Commons – «Pakicetus BW»
Urheber: Nobu Tamura (29. November 2007)

S. 74 unten: Wikipedia Commons – «Ambulocetus BW»
Urheber: Nobu Tamura (29. Oktober 2007)

S. 77 oben: Wikipedia Commons – «Cross section of a sperm whale head»; Urheber: Martin-rnr (15. Mai 2011)

S. 77 unten: Wikipedia Commons – «Dolphin head section»
Urheber: Martin-rnr (18. Mai 2011)

S. 78: Wikipedia Commons – «Fin whale size», Urheber: Chris_huh (8. September 2006); «Sperm whales size», Urheber: Totodu74 (29. Oktober 2010), bearbeitet von M. Ćućuz (2014)

S. 79: Wikipedia Commons – «Livyatan melvillei»
Urheber: Apokryltaros (10. Juli 2010)

S. 80: aus: *Meyers Konversationslexikon,* 4. Auflage 1888 (Wikipedia Commons – «Whale skeleton»)

S. 86 links: Wikipedia Commons – «Zwergmausmaki--w»
Urheber: Bikeadventure (10. März 2008)

S. 86 rechts: Wikipedia Commons – «Bristol.zoo.western.lowland.gorilla.arp»
Urheber: Adrian Pingstone (September 2004)

S. 92: aus: Haeckel, *Natürliche Schöpfungsgeschichte,* Berlin 1868 (Wikipedia Commons – «Haeckel-embryos-weeks4-6»)

S. 102: Zeichnung von John Gould (1804–1881), in: Charles Darwin, «Journal of researches into the natural history and geology of the countries visited during the voyage of H. M. S. Beagle round the world, under the Command of Capt. Fitz Roy, R. N.», 1845; public domain (Wikipedia Commons – «Darwin's finches»).

S. 106: Armin Risi (grafische Erstellung durch M. Ćućuz, 2014)

S. 110 oben: Wikipedia Commons – «Megatherium americanum complete»; Urheber: LadyofHats (August 2006, Muséum national d'Histoire naturelle, Paris)

S. 110 unten: Wikipedia Commons – «Megatherum DB»
Urheber: ДиБгд (22. Juli 2007)

S. 112: Wikipedia Commons – «Siamang 140807»
Urheber: Vassil (17. August 2007, Zoo d'Amnéville)

S. 121: Wikipedia Commons – «Human evolution scheme»; Original von José-Manuel Benitos; Urheber: M. Garde, Mai 2007; bearbeitet von M. Ćućuz und A. Risi (2013)

S. 124: Wikipedia Commons – «A.afarensis»
Urheber: Esv (7. November 2006)

S. 126 links: Wikipedia Commons – «Archiesizeall1» (Urheber: Matt Martyniu, 4. August 2010); «Primates-drawing» (Zeichnungen von Robert Kretschmer, in: *Brehms Tierleben,* 1927)

S. 126 rechts: Wikipedia Commons – «Australopithecus afarensis endocast - Smithsonian Museum of Natural History - 2012-05-17»
Urheber: Tim Evanson (17. Mai 2012); Quelle: flickr.com/photos/23165290@N00/7283202340/

S. 128: Wikipedia Commons – «MEH Homo neanderthalensis 29-04-2012», Urheber: Nachosan (29. April 2012)

S. 129 links: aus: Robert Lawlor, *Am Anfang war der Traum – Die Kulturgeschichte der Aborigines* (1993), S. 411, Foto von 1894 (ohne Quellenangabe)

S. 129 rechts: Wikipedia Commons – «Different methods of hair dressing – NMA-11787»
Urheber: Herbert Basedow (1916), National Museum of Australia

Der Autor

Armin Risi: (geb. 1962); Philosoph und Sachbuchautor; besuchte das lateinische Gymnasium in Luzern; gehörte im Alter von 18 Jahren zu den führenden Schach-Junioren der Schweiz; 1980/81: Reisen und Naturaufenthalte, Austritt aus dem Gymnasium direkt vor der Matura; lebte danach für achtzehn Jahre als Mönch in vedischen Klöstern in Europa und Indien; während dieser Zeit hauptsächlich als Übersetzer tätig; Mitarbeit bei der Übersetzung von 22 Werken der Sanskritliteratur (aus dem Englischen ins Deutsche); Studium der indischen und westlichen Philosophien; lebt seit 1998 als freischaffender Schriftsteller, Referent und spiritueller Berater; gründete 2005 als Internetplattform das *Research Institute for the Science of Involution* (RISI), «Forschungsinstitut für die Wissenschaft der Involution», und 2009 «Theistic Network»; gehört heute im deutschsprachigen Raum zu den meistgelesenen spirituell-philosophischen Autoren.

Veröffentlichungen

1988 *Vegetarisch leben – Vorteile einer fleischlosen Ernährung* (mit Ronald Zürrer; 10., vollständig überarbeitete und erweiterte Auflage 2012)

1992 *Völkerwanderung – Epische Galerie*

Der Kampf mit dem Wertlosen – Lyrische Meditationen (700 Gedichte und Epigramme)

1995 *Da ich ein Dichter war – Reinkarnation: Gedanken, Gedichte und eine Begegnung mit Hölderlin*

«Der multidimensionale Kosmos», Band 1: *Gott und die Götter – Das vedische Weltbild revolutioniert die moderne Wissenschaft, Esoterik und Theologie*

ab 1995: zahlreiche Artikel in grenzwissenschaftlichen und esoterischen Zeitschriften

1998 «Der multidimensionale Kosmos», Band 2: *Unsichtbare Welten – Astrale und außerirdische Wesen im Hintergrund des Weltgeschehens*

1999 «Der multidimensionale Kosmos», Band 3: *Machtwechsel auf der Erde – Die Pläne der Mächtigen, globale Entscheidungen und die Wendezeit*

2001 *Das kosmische Erbe – Einweihung in die Geheimnisse unserer Her- und Zukunft* (mediale Texte von Tom H. Smith, übersetzt und erläutert von Armin Risi)

2004 *Licht wirft keinen Schatten – Ein spirituell-philosophisches Handbuch*

2006 *Machtwechsel auf der Erde,* 5., vollständig überarbeitete Auflage (Govinda-Verlag); Taschenbuchausgabe im Heyne-Verlag 2007

2007 *Gott und die Götter,* 6., vollständig überarbeitete Auflage mit neuem Untertitel: *Das Mysterienwissen der vedischen Hochkultur*

2008 *Unsichtbare Welten,* 5., vollständig überarbeitete Auflage mit neuem Untertitel: *Kosmische Hierarchien und die Bedeutung des menschlichen Lebens*

2009 *Der radikale Mittelweg – Überwindung von Atheismus und Monotheismus. Das Buch zum aktuellen Paradigmenwechsel*

2011 *Ganzheitliche Spiritualität – Der Schlüssel zur neuen Zeit* (Theistische Mysterienschule, Bd. 1)

Einheit im Licht der Ganzheit – Orientierung im Labyrinth von Religion, Erleuchtung und New Age (Theistische Mysterienschule, Bd. 2)

2013 *«Ihr seid Lichtwesen» – Ursprung und Geschichte des Menschen*

2014 *Evolution – Stammt der Mensch von den Tieren ab?* (in der Reihe «Grundlagenwissen im Govinda-Verlag»)

Webseiten:

armin-risi.ch | science-of-involution.org | theistic-network.org

Veröffentlichungen von Armin Risi

Siehe Hinweise auf den folgenden Seiten.

GRUNDLAGENWISSEN IM GOVINDA-VERLAG

Vorteile einer
fleischlosen Ernährung.

Armin Risi • Ronald Zürrer

VEGETARISCH LEBEN

ISBN 978-3-906347-77-6
10. Auflage, 173 Seiten, Taschenbuch
Sonderpreis € 4,50 / Fr. 8.00

Vegetarisch leben – dies ist nicht nur eine gesunde, vollwertige Ernährungsweise, sondern auch Ausdruck eines bewussten Lebensstils. Vegetarisch leben ist ein aktiver Schritt, um den destruktiven Tendenzen der modernen Zivilisation entgegenzuwirken. Denn die Nachteile des globalen Fleischkonsums werden immer offensichtlicher.

Dieses Taschenbuch aus der Reihe «Grundlagenwissen im Govinda-Verlag» vermittelt die wichtigsten Informationen zur Diskussion über Vegetarismus und Fleischkonsum.

Aus dem Inhalt: Gesundheit und Vorbeugung durch vegetarische Ernährung • Fleischessen und Zivilisationskrankheiten • Wirtschaftliche und ökologische Problematik der Fleischproduktion • Ausbeutung und Hunger in den «Entwicklungsländern» • Tiermisshandlung durch die Fleischindustrie • Ethik und menschliche Verantwortung • Vegetarismus-Zitate aus 2500 Jahren • Prominente VegetarierInnen und VeganerInnen • Vegetarismus in den Weltreligionen • Kollektives Karma und die Weltsituation • Die Macht des einzelnen Menschen.

Ein informatives Grundlagenbuch sowohl für Vegetarier als auch für kritische Fleischkonsumenten.

GRUNDLAGENWISSEN IM GOVINDA-VERLAG

Einführung in die Wissenschaft der Seelenwanderung.

Ronald Zürrer

REINKARNATION

ISBN 978-3-906347-61-5
144 Seiten, Taschenbuch
€ 9,50 / Fr. 14.00

Gemäß aktuellen Umfragen glauben heute rund 70% der Bevölkerung im deutschsprachigen Raum an eine Weiterexistenz der Seele nach dem Tod, und bereits 35% glauben überdies, dass wir uns im Sinne der Wiedergeburts- bzw. Reinkarnationslehre neu verkörpern können.

Diese Zahlen sind steigend: Immer mehr Menschen, insbesondere aus der jüngeren Generation, interessieren sich für die Idee der Seelenwanderung und möchten mehr darüber erfahren.

Dieses Taschenbuch aus der Reihe «Grundlagenwissen im Govinda-Verlag» bietet dem Leser eine Einführung in die zentralen Aspekte der Lehren von Karma, Dharma und Reinkarnation. Alles Wichtige, was man über die Wiedergeburt wissen muss und was darüber bis heute bekannt ist, wird in kurzen Kapiteln angesprochen und in leicht verständlicher Weise erklärt.

Aus dem Inhalt: Die Aktualität des Reinkarnationsdenkens • Reinkarnation: Der Kreislauf des Lebens • Karma: Das Gesetz hinter der Reinkarnation • Dharma: Lebensplan – Lebensaufgabe – Lebensweg • Praktische Fragen zur Reinkarnation • Der Reinkarnationsgedanke in Religion, Philosophie und Dichtung • Reinkarnation und Christentum • Das Ende der Reinkarnation.

BÜCHER VON ARMIN RISI

Kosmische Hierarchien und die
Bedeutung des menschlichen Lebens.

Armin Risi

UNSICHTBARE WELTEN

ISBN 978-3-906347-94-3
6. Auflage, 404 Seiten, gebunden
€ 24,– / Fr. 36.00

«Parallelwelten», «Multiversum», «morphogenetische Felder» – auch viele Vordenker der Wissenschaft sprechen heute von unsichtbaren Welten und höheren Dimensionen. Mit diesem neuen, holistischen Weltbild nähern sie sich dem, was die Eingeweihten der alten Mysterienschulen seit jeher sahen und beschrieben: Die physikalische Materie ist nicht die einzige Realität; die sichtbare Welt ist verbunden mit kosmischen Hierarchien; der Mensch ist, wie das Universum, ein multidimensionaler Kosmos («wie oben, so unten»); als geistige Wesen schaffen wir unsere eigenen Realitäten.

Dieses Buch ist ein Grundlagenwerk zu Parapsychologie, Esoterik und Spiritualität: Materie, Seele und die kosmische Intelligenz («Überseele») • Reinkarnation, Karma und freier Wille • Illusion, Individualität und Einheit • Atheistische und theistische Esoterik • Göttliche Liebe, Allmacht und Offenbarung • Spirituelle Psychologie: Die Macht des Bewusstseins • Magie, Religion und Spiritualität • Götter, Engel, astrale Wesen • Der Kampf um die Erde.

Die Menschheit steht im Brennpunkt verschiedenster Einflüsse aus sichtbaren und unsichtbaren Welten. Was auf der Erde geschieht, wird erst durchschaubar, wenn wir diese Einflüsse mit in Betracht ziehen – global und in unserem eigenen Leben.

Überwindung von Atheismus und Monotheismus.

Armin Risi

DER RADIKALE MITTELWEG

ISBN 978-3-938516-99-7 (Kopp-Verlag)
432 Seiten, gebunden
€ 19,95 / Fr. 30.00

Atheismus und Monotheismus sind die beiden Seiten der Spaltung, die das gegenwärtige Zeitalter seit mehr als 2000 Jahren prägt. Mit der heutigen Wendezeit soll diese Spaltung jedoch überwunden werden – durch ein «radikal» neues Bewusstsein mit revolutionären Erkenntnissen: die geistige Herkunft der Menschheit, die Realität des multidimensionalen Kosmos, der spirituelle Hintergrund der Materie.

Armin Risi durchleuchtet die heute vorherrschenden Weltbilder: Was ist der spaltende Geist? Wie wirken die beiden Seiten? Wie kann die Spaltung überwunden werden? Der «radikale Mittelweg» des Theismus ist nicht einfach eine neue Theorie oder Theologie, sondern eine Rückbesinnung auf das Urwissen der Menschheit und den gemeinsamen Kern aller Religionen.

Zeitloses Wissen, neuste Erkenntnisse: Beides zusammen führt zum Bewusstseinswandel, der von den Mysterienschulen der alten Kulturen für die heutige Zeit vorausgesehen wurde. «Der radikale Mittelweg» ist ein Manifest dieses Paradigmenwechsels.

BÜCHER VON ARMIN RISI

Ein spirituell-philosophisches Handbuch.

Armin Risi

LICHT WIRFT KEINEN SCHATTEN

ISBN 978-3-906347-62-2
3. Auflage, 504 Seiten, gebunden
€ 24,– / Fr. 36.00

Überall werden Weltbilder, Philosophien und Glaubenssysteme vertreten: von Wissenschaftlern, Politikern und Finanzmagnaten, von Geheimlogen, Religionen und Esoterikern. Haben einige mehr recht als andere? Kann und darf man unterscheiden? Oder ist alles relativ? Sind wir einer philosophischen bzw. ideologischen Willkür ausgesetzt, ohne Kriterien und Maßstäbe für das, was Wahrheit ist? Gibt es überhaupt so etwas wie «Wahrheit»? Welche Weltbilder stecken hinter Aussagen wie «alles ist relativ», «alles ist eins», «alles ist Gott»? Oder: «Gott ist Energie», «das Universum ist Gott», «wir alle sind Gott»? Wie kann man unterscheiden, ohne zu urteilen?

Armin Risi präsentiert eine ganzheitliche Systematik, die es ermöglicht, all die verschiedenen, oft widersprüchlichen Weltbilder in einen höheren Zusammenhang zu stellen, wo die Gegensätze sich aufheben. Denn Licht wirft keinen Schatten. Und es ist durchaus möglich, das Licht zu sehen und es vom Schatten zu unterscheiden – und überall zu erkennen, *was* den Schatten wirft.

Dieses Buch beschreibt eine Art von philosophischer Weltformel, mit der schlüssig und zeitaktuell die zentralen Aspekte unseres Seins erklärt werden können.

BÜCHER VON ARMIN RISI

Die geistige Herkunft des Menschen.

Armin Risi

«IHR SEID LICHTWESEN» – Ursprung und Geschichte des Menschen

ISBN 978-3-905831-27-6
3. Auflage, 398 Seiten, gebunden, mit zahlreichen Illustrationen und farbigen Bildtafeln
€ 24,– / Fr. 36.00

«Ihr seid Lichtwesen *(elohim)*», die berühmte Aussage von Jesus (meistens in der Übersetzung «Ihr seid Götter»), ist eine prägnante Zusammenfassung von dem, was in den spirituellen Traditionen der Hochkulturen und indigenen Völker seit Jahrtausenden gelehrt wurde: als innerstes Geheimnis, als lebendige Erinnerung, als Botschaft an die Menschen der Zukunft.

Diese Zukunft ist heute. Und so erreicht uns wieder das «alte» Wissen um die geistige Herkunft des Menschen (Involution): Das Leben auf der Erde hat sich nicht aus Materie entwickelt, sondern aus den geistigen Urgründen des Kosmos heraus. Der Kosmos ist multidimensional, ebenso der Mensch. Die sichtbare materielle Welt ist eingebettet in höhere, «unsichtbare» Welten. Lichtwesen sind eine lebendige Realität, und auch der Mensch ist ein Lichtwesen, nicht nur symbolisch und mythologisch, auch biologisch und anthropologisch.

«Ihr seid Lichtwesen» ist der Schlüssel zur Erinnerung an unsere Herkunft und Berufung als Menschen.